Victor Dubrovsky

Pequeños barcos con área de hidroavión:

Victor Dubrovsky

Pequeños barcos con área de hidroavión:

digerir, comparación con el mar, un poco de examen

Editorial Académica Española

Imprint
Any brand names and product names mentioned in this book are subject to trademark, brand or patent protection and are trademarks or registered trademarks of their respective holders. The use of brand names, product names, common names, trade names, product descriptions etc. even without a particular marking in this work is in no way to be construed to mean that such names may be regarded as unrestricted in respect of trademark and brand protection legislation and could thus be used by anyone.

Cover image: www.ingimage.com

Publisher:
Editorial Académica Española
is a trademark of
International Book Market Service Ltd., member of OmniScriptum Publishing Group
17 Meldrum Street, Beau Bassin 71504, Mauritius

Printed at: see last page
ISBN: 978-620-0-35014-5

Estimado lector,

el libro que tiene en sus manos fue escrito originalmente bajo el título "Small water-plane area ships: digest, seakeeping comparison, some exam", ISBN 978-3-659-83691-6.

Su publicación en español fue posible gracias al uso de la Inteligencia Artificial en el campo lingüístico.

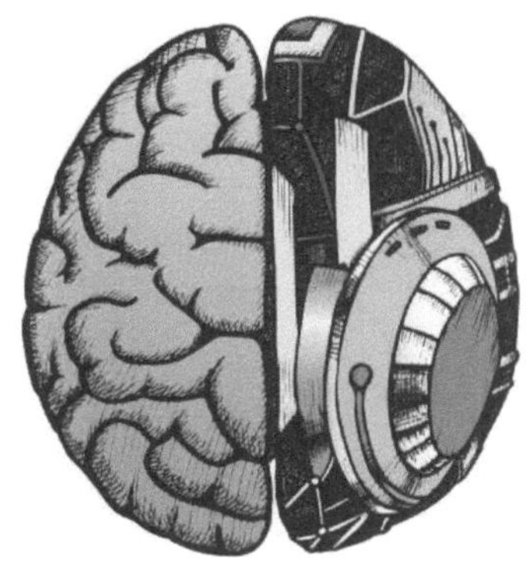

Esta tecnología, que recibió el primer premio honorífico de Inteligencia Artificial en Berlín en septiembre de 2019, está más cerca del funcionamiento del cerebro humano. Por lo tanto, es capaz de capturar y transmitir los matices más pequeños de una forma nunca antes lograda.

Esperamos que disfrute de este libro y le pedimos que tenga en cuenta cualquier anomalía lingüística que pueda haber ocurrido durante este proceso.

Que tengas una buena lectura!

Editorial Académica Española

Índice

1. Resumen de características..............05

2. Método universal de
   comparación de navegabilidad.............39

3.Conclusiones y recomendaciones.......51

Referencias....................................53

PEQUEÑOS BARCOS DE LA ZONA DEL HIDROAVIÓN: DIGERIR, COMPARACIÓN DE MARINERÍA, ALGUNOS EJEMPLOS.

Victor A. Dubrovsky.

Sinopsis

A continuación se describen y explican las principales especificidades de las características técnicas de los buques con una superficie de hidroavión pequeña: - correlaciones de dimensiones, superficie de la cubierta, estabilidad intacta y con avería, rendimiento, navegabilidad, controlabilidad, resistencia y masa estructural. También se muestra el algoritmo de diseño recientemente propuesto.

Un método especial de comparación compleja de la navegabilidad es la descripción detallada para la amalgama de toda la información de mantenimiento de la mar a un valor y la demostración de las ventajas de los buques SWA. También se muestran algunos ejemplos de buques SWA recientemente propuestos.

Introducción.

Hoy en día existen dos clases de objetos flotantes con pequeñas áreas de plano de agua (objetos SWA): las plataformas semisumergibles y los barcos correspondientes.

La Fig.1 muestra un esbozo de vista exterior de un buque semisumergible de doble casco; estas estructuras se utilizan como plataformas de perforación o auxiliares desde principios de los años 50. La opción de trabajo del equipo corresponde a la posición de la línea de flotación en aproximadamente la mitad de la altura del puntal. La opción de transporte corresponde al calado hasta la cubierta de pontones flotantes.

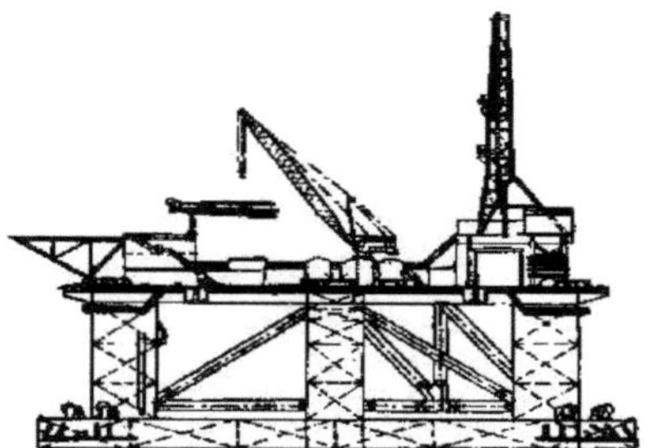

Fig. 1. Aparejo semisumergible de doble casco.

Más de 300 semisumergibles fueron construidos desde el inicio de la aplicación. Estas estructuras pueden garantizar una explotación permanente en el mar en condiciones de oleaje y viento prácticamente ilimitadas.

La Fig. 2 muestra un barco de doble casco con una pequeña área de hidroavión (buque SWA).

Fig. 2. Nave científica SWA, EE.UU.

La investigación, el diseño y la construcción de buques SWA comenzó en los años 60; hoy en día hay más de 70 buques de este tipo, en su mayoría de pequeño desplazamiento, que se utilizan con mayor frecuencia como buques experimentales.

1.   Resumen de características.

La especificidad de los buques SWA es evidente en la Fig. 2: el volumen de desplazamiento se reduce cerca de la línea de flotación de diseño, y el volumen se incrementa en las partes de los cascos que se encuentran profundamente bajo el agua.

Hoy en día, las estructuras, que intersectan la superficie libre del agua, se denominan "puntales" para los buques SWA, y "columnas" para los aparejos. Los volúmenes desplazados bajo el agua se denominan "pontones", "volúmenes bajo el agua", "cascos bajo el agua", etc.

Desde 1978, el autor utiliza la imagen definida de un casco de un buque SWA: un casco se compone de un volumen bajo el agua se llama "góndola" (de la terminología de la aviación), y uno o dos puntales. A continuación se utilizan los mismos términos.

Para la definición de la colocación relativa de los cascos en relación con los demás y con la superficie libre, se utiliza la siguiente terminología: - la holgura transversal es la distancia entre los planos centrales de los cascos laterales; - la holgura longitudinal es la distancia entre los centros de los cascos o las perpendiculares de la cuba; - la holgura vertical es la distancia entre la cubierta de mojado (la parte inferior de la estructura que conecta los cascos) y el calado de diseño.

Una superficie relativamente pequeña de hidroavión afecta a todas las cualidades técnicas de un buque SWA. Además, todos los buques SWA, como todos los multicascos, tienen una superficie de cubierta relativamente mayor en comparación con los monocascos. Esto significa que, como todos los buques multicascos, los SWA son más eficaces para el transporte de cargas relativamente ligeras, que necesitan una superficie suficientemente grande de cubiertas o un volumen interior de las estructuras del casco sobre el agua. Por lo general, estos "buques de capacidad" son buques de pasajeros, transbordadores, buques científicos y de turismo, buques de transporte de contenedores suficientemente ligeros y buques de combate, en primer lugar, con sistemas de armamento para aeronaves.

Esta es la razón del algoritmo especial propuesto para el diseño de los buques SWA: con la superficie de cubierta necesaria como uno de los principales datos iniciales, véase más adelante.

1.1. Tipos de buques SWA y correlaciones lo más posibles de las dimensiones principales.

La especificidad del volumen desplazado definió todas las características de las naves SWA, incluyendo las correlaciones de dimensiones[1],[2],[3].

La evidente necesidad de un flujo suave define las formas de una góndola: proa semielíptica y popa cónica con cilindro entre ellas. Como resultado, el coeficiente del bloque de la gondola depende del alargamiento de la gondola L/D, aquí L- longitud, D- diámetro.

La disminución del área del plano de agua define una distancia transversal lo suficientemente grande entre los cascos para la estabilidad transversal necesaria.

Estas y otras especificidades de las correlaciones de dimensiones definen las dimensiones principales especiales de los buques SWA (véase más adelante).

Hoy en día, algunos tipos de buques SWA fueron investigados más o menos, véase la Fig. 3.

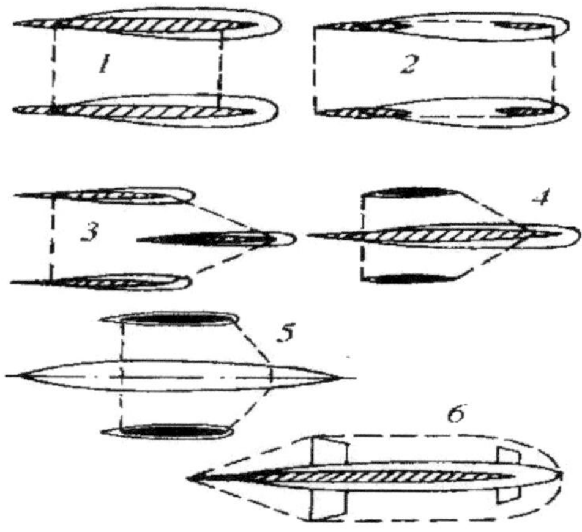

Fig. 3. Tipos de buques SWA 1 - duplus; 2 - trisec; 3 - tricore; 4 - buque SWA con estabilizadores; 5 - opción de S.Rudenko (casco principal tradicional + estabilizadores SWA); 6 -

monocasco SWA foiled.

Hay que tener en cuenta que la terminología mostrada, que fue propuesta por el autor en 1978,[4], no es generalmente aceptada. Por ejemplo, en Japón todos los buques de doble casco se denominan "catamaranes". Pero parece que una terminología más detallada es más útil para la descripción detallada de las características del buque.

El buque SWA de doble casco con un puntal largo en cada góndola fue construido en los Países Bajos y nombrado como "Duplus". Se propuso el propio nombre como nombre de tipo.

El término "trisec" fue propuesto por los constructores americanos del primer buque SWA de este tipo.

Además, todos los barcos de triple casco, con varias dimensiones de casco, son nombrados como "trimaranes" en las publicaciones en lengua inglesa. Sin embargo, la terminología más detallada propuesta parece ser mejor para las descripciones más detalladas de las distintas características de los buques.

Cada tipo de buques SWA tiene algunas características comunes y otras específicas. Cada especificidad puede ser útil, no útil o neutra para el propósito de la aplicación examinada del buque. Las características de un monocasco del mismo desplazamiento se utilizan como base de comparación.

Debe ser notado especialmente, cada nave SWA puede ser diseñada para la colocación del bosquejo de diseño en la parte superior de las góndolas para su desplazamiento completo. Significa una restricción suficiente del calado para los puertos y mares de aguas poco profundas. En este caso, para mejorar la navegabilidad en las olas, el buque SWA debe ser lastrado por agua con un volumen de aproximadamente la mitad del volumen interior de los puntales, es decir, un volumen no tan grande en comparación con los buques de forma tradicional de casco.

Pero así que la influencia suficiente de un volumen no tan grande de lastre en la actitud del buque SWA es un inconveniente notable de tal explotación del buque. Por ejemplo, incluso un simple equipamiento de combustible en el proceso de navegación puede conducir a un cambio no permitido de calado y ajuste - si no se ha diseñado previamente un sistema de compensación. Por ejemplo, el primer transbordador de pasajeros del mundo, que se construyó en Japón, tenía un sistema especial de rebalasto controlado automáticamente.

Los buques SWA pueden tener la mayoría de las formas de cada casco, e incluso varias formas de cascos de cualquier buque SWA. En la Fig. 4 se muestran algunas estructuras principales del casco.

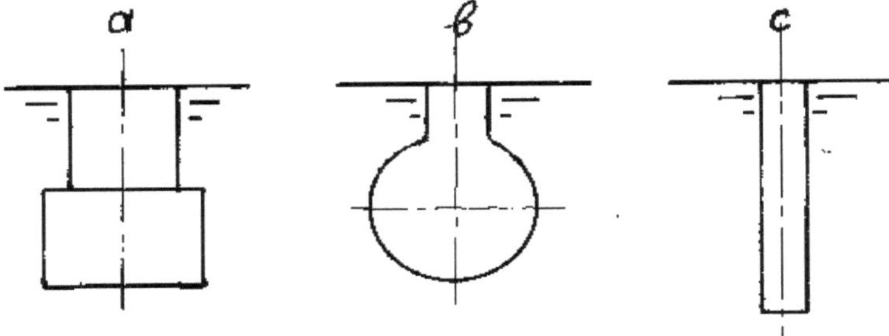

Fig. 4. Algunas formas de cascos de buques SWA:1 - forma simplificada para velocidades lentas; 2 - forma lisa de buques SWA autopropulsados; 3 - forma especial.

La forma "a" se aplica, por ejemplo, a diversas plataformas semisumergibles, y a los buques SWA remolcados o de baja velocidad, como los de cable o los hoteles flotantes. Por lo general, estos barcos tienen unos puntales separados en cada casco; estos puntales pueden tener forma circular o rectangular de cortes horizontales.

La opción "b" presenta una forma clásica de bastidores de buques SWA, la mayoría de los buques SWA construidos tienen tales bastidores. La ventaja de tal forma es el área húmeda relativa mínima, el peso mínimo de la parte circular para las mismas otras condiciones, y la tecnología más simple de construcción de la parte inferior.

La opción "c" se aplicó, por ejemplo, para garantizar un movimiento mínimo del laboratorio científico: se trataba de un tubo estanco de gran diámetro, que se remolcaba hasta el lugar de trabajo en posición horizontal, y luego se invertía hasta la posición vertical mediante lastre de agua en el extremo inferior. La otra aplicación de tal forma puede ser un recipiente transformable de acuerdo con el Certificado de Intención de la URSS No. 829476 del 25.06.1979, Fig. 5.

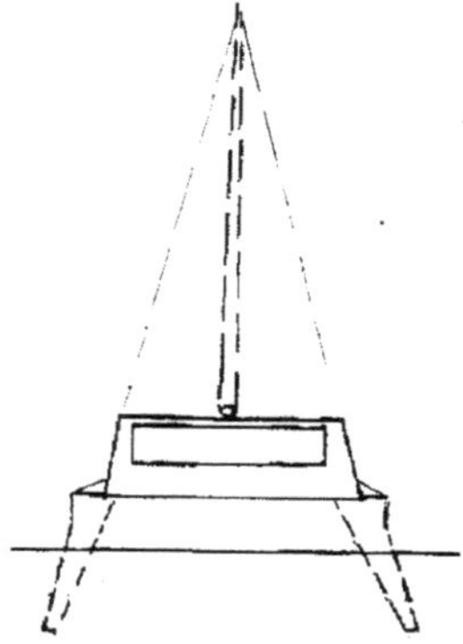

Fig. 5. Un ejemplo de la forma específica del casco.

Por lo general, los paneles de un puntal se inclinan en las partes bajo el agua o sobre el agua. El grado de inclinación afecta a todo tipo de movimientos.

La opción "b" de la forma del bastidor también tiene algunas desventajas, por ejemplo, un calado general lo suficientemente grande para el desplazamiento necesario y una amortiguación de los movimientos lo suficientemente pequeña. La Fig. 6 contiene algunas formas alternativas de bastidores para buques SWA autopropulsados.

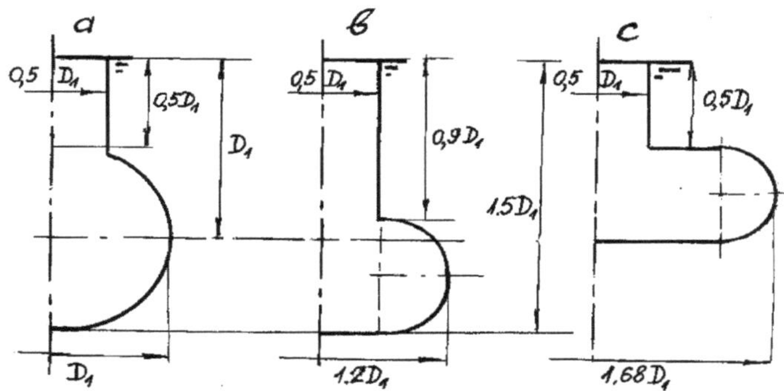

Fig. 6. Algunas opciones de formas de bastidor de los buques autopropulsados SWA:

a - marco circular inicial de una gondola; b - el mismo desplazamiento y calado; c - el mismo desplazamiento y calado 2/3.

Las correlaciones del área de la sección y el perímetro correspondiente se muestran en la Tabla 1.

Tabla 1.

Características relativas de los cuadros de la Fig. 6.

Opción	a	b	c
Esquema de diseño relativo, $_{di}$	1.5*D1	1.5*D1	D1
Área del marco	1.035*D12	1.035*D12	1.035*D12
Perímetro de la sección	3.64*D1	4.18*D1	4.43*D1
Perímetro relativo	3.58	4.11	4.35
Crecimiento relativo del perímetro, %.	0	14.8	21.6
Altura relativa del centro del marco	0,45*da	0,37*db	0,53*cc

Parece evidente que el descenso general de la corriente de aire al 35% conduce a un crecimiento del perímetro (y de la zona húmeda) de alrededor del 22%. Evidentemente, el desplazamiento de la parte del área del marco hacia abajo, opción "b", lleva a una menor altura del centro del área. Y la opción más amplia, "c", tiene mayor amortiguación de todo tipo de movimiento.

Una góndola con cualquier forma de marco puede tener algún perfil longitudinal, por ejemplo, Fig. 7: la forma es óptima para un número de Froude lo suficientemente bajo.

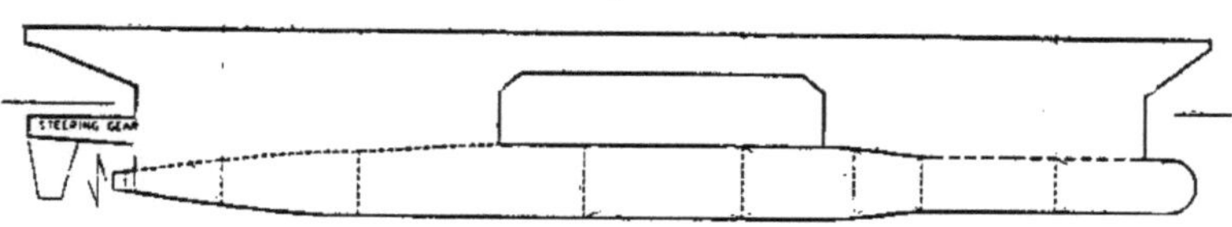

Fig. 7. Un ejemplo de gondola de perfil longitudinal[5].

Las otras gondolas perfiladas fueron propuestas para un número mayor de Froude.

Algunos de los primeros diseñadores de buques SWA han aplicado cuerpos muy cortos e incluso acantilados como góndolas de buques SWA. Pero parece que hay que recordar algo evidente: cada casco de barco autopropulsado debe tener líneas lisas, independientemente del tipo de barco. Incluso un buque remolcado de cualquier tipo tendrá mejores características de explotación, si la forma del casco permite evitar la separación de flujos.

Una comparación más detallada de la forma del casco de los cascos "wave-piercing" y SWA puede ser útil para el lector. La comparación se presenta en la Fig. 8.

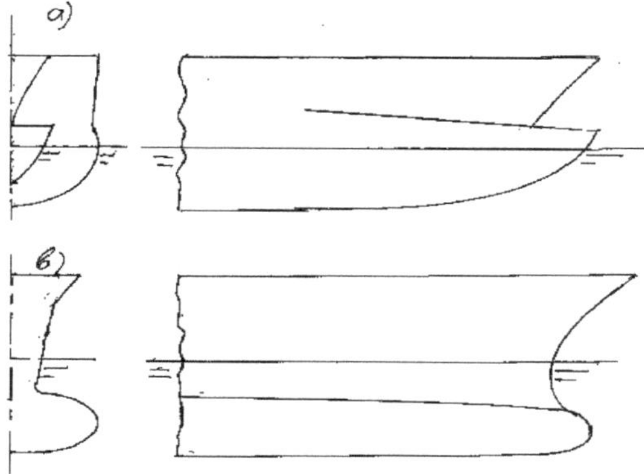

Fig. 8. Comparación de la forma de la proa: a - proa "wave-piercing"; b - proa de un casco con una pequeña área de plano de agua.

Es evidente que la parte más delgada del arco "wave-piercing" está situada más arriba que el plano de agua de diseño. Por el contrario, la parte más delgada de la estructura de arco SWA se coloca en el plano de agua de diseño o por debajo de él. Por cierto, hubo una propuesta de desarrollo de un sistema de mantenimiento del mar con cascos que perforan las olas: un poco de lastre de agua puede ser transportado en grandes olas - para transformarlo en un casco SWA.

La característica clave de la especificidad es la utilización de la viga para las definiciones de los coeficientes de plenitud. Las posibles opciones de presentación de los coeficientes se muestran en el cuadro 2.

Tabla 2.

Ejemplos de coeficientes de llenado.

Valor del haz utilizado	Viga de hidroavión (puntal)	Viga de góndola	Viga total	Vigas separadas de puntal y góndola.
Ejemplo de coeficiente medio, opción "a" en la Fig. 6.	1.38	0.69	Muy inconveniente, la plenitud depende de la holgura cruzada....	1 / 0.785 (strut/gondola)
Lo mismo, opción "b"	1.38	0.575	-	1 / 0.813
Lo mismo, opción "c"	2.07	0.616	-	1/0.935

El coeficiente de bloque tiene los mismos valores, dependiendo del valor de la viga aplicada. Que sólo la segunda opción de coeficientes de plenitud, relativa a una viga de góndola, se corresponde con la forma habitual de las mismas características de los cascos convencionales. Y cualquier valor de los coeficientes de plenitud de los cascos SWA debe ser definido por el valor utilizado de la viga.
Si no se necesita el área suficientemente grande de la cubierta superior, una opción de barco SWA puede contener una góndola bajo el agua lo suficientemente grande, y un puntal muy pequeño con la cabina de mando en ella, Fig. 9.

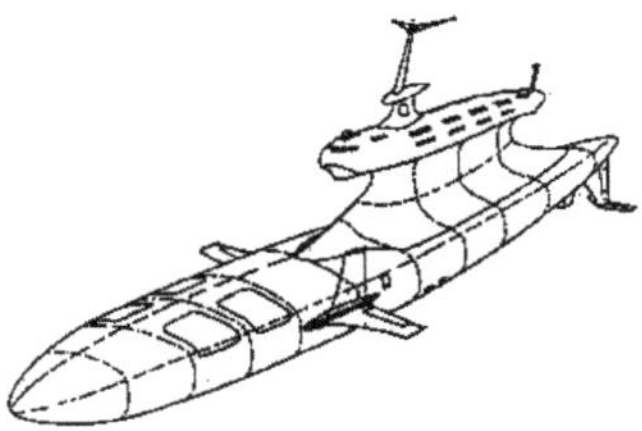

Fig. 9. Un ejemplo de buque SWA con cubierta superior mínima[6].

A una velocidad lo suficientemente grande, la actitud dinámica que asegura puede lograrse mediante evidentes estabilizadores de láminas.

En la Fig. 10 se presentan algunas opciones de puntales para buques SWA.

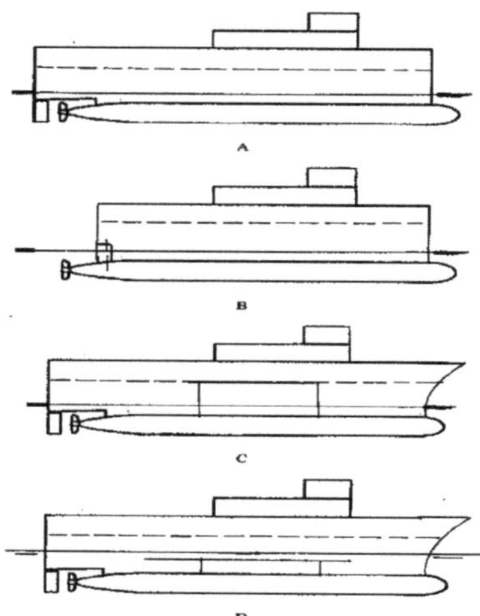

Fig. 10. Algunos ejemplos de puntales de barco SWA; A - opción más extendida, duplicado; B - puntal más corto, duplicado; C - dos puntales cortos, trisec; D - puntales largos con orificio, de acuerdo con el Certificado de Invención de la URSS # 114490.

La opción A más amplia es la más conveniente desde el punto de vista de la disposición general, desde el punto de vista de la estructura lateral, y garantiza una mejor condición para el trabajo con timón vertical.

La opción corta de puntal doble B tiene un área húmeda más pequeña, pero tal colocación de los timones significa sus peores características, porque los timones se colocan fuera del flujo de la hélice.

Dos puntales en cada gondola, C, trisec, significa el área más pequeña posible del plano de agua, pero las estructuras de los puntales trabajan en condiciones muy duras.

La opción combinada, D, se puede aplicar para un calado de diseño suficientemente grande, y asegura un área húmeda más pequeña en comparación con los puntales dobles habituales, pero aproximadamente el mismo coeficiente de resistencia residual.

Además, se puede utilizar alguna forma "híbrida" para navegar y trabajar en el hielo. En el caso, hay un problema de defensa del strut contra el hielo, y el cambio de rumbo en el hielo. Además, existe una solución patentada para la mitigación del movimiento de buques SWA remolcados, como plataformas de perforación[7]. La solución incluye un volumen añadido cilíndrico o cónico en cada puntal de marco redondo. El volumen puede colocarse por encima del plano de agua, y la diferencia de velocidades de onda vertical de las placas superior e inferior del volumen aseguran una mayor amortiguación de los movimientos.

Si este volumen cónico añadido tiene un extremo en forma de arco, Fig. 11, el volumen puede utilizarse no sólo como amortiguador de movimiento, sino también como destructor de hielo (por vibración vertical forzada, parte derecha de la figura).

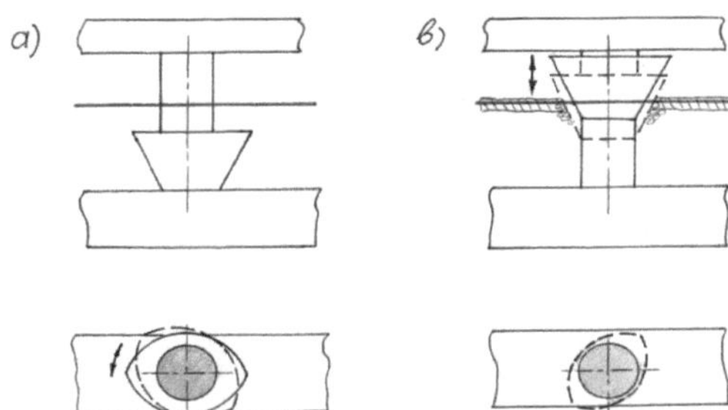

Fig. 11. Un dispositivo especial para los buques SWA de baja velocidad: a - para amortiguar el movimiento; b - para destruir el hielo.

Además, la rotación del volumen añadido respecto al eje vertical permite disminuir las cargas de   hielo en los puntales y hacer un cambio de rumbo más sencillo de este tipo de buques SWA en hielo.

Fig. 11 Modelo con volúmenes añadidos rotados en puntales de bastidor redondo (Certificado de Intención de la URSS, No. 215839, del 28 de abril de 1984).

La relación de aspecto mínima necesaria de los volúmenes añadidos se definió para evitar una separación suficiente del flujo y el correspondiente crecimiento de la resistencia del remolque.
Algunas veces un buque con balancín de baja velocidad con casco principal tradicional puede tener balancines SWA, Fig.12. El estado del mar del buque propuesto es de 6-7.

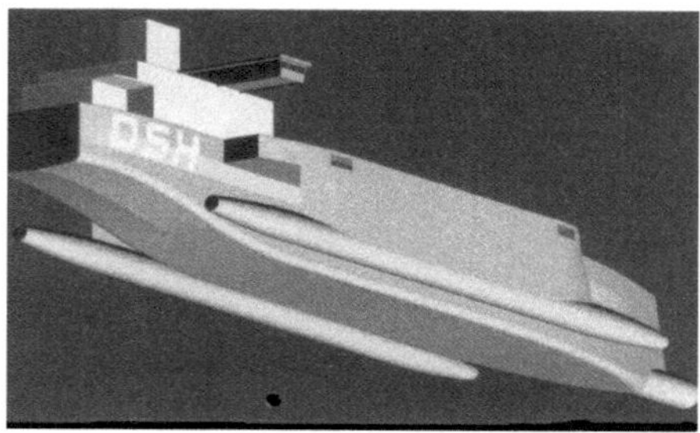

Fig. 12. Nave de baja velocidad con estabilizadores SWA[Anon., 2001].

Se pueden aplicar algunas formas específicas para conseguir mayores velocidades. Por ejemplo, la Fig. 13.

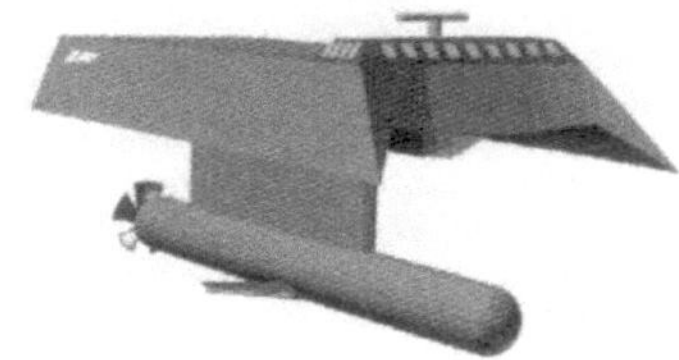

Fig. 13. Un ejemplo de un buque rápido híbrido: "SWA con balancín y láminas"[8] .

La idea de la embarcación es reducir el calado a velocidad por medio de láminas mediante la disminución de la propia resistencia al arrastre de los balancines, y la estabilidad cruzada asegurando también por medio de láminas. Parece evidente aquí que la disminución de la resistencia está restringida por la inmersión de la góndola, porque una inmersión demasiado pequeña significa un crecimiento suficiente de la resistencia generada por las olas de la góndola.

Parece ser que el buque rápido con lámina de "grasa" no puede incluirse en la "familia" de buques SWA, Fig.14.

Fig. 14. Un recipiente rápido con un volumen en forma de lámina bajo el agua[9].

El otro método de combinación de casco y lámina SWA fue propuesto como una góndola bajo el agua y dos pares de láminas inclinadas, que intersectan la superficie del agua, Fig. 15.

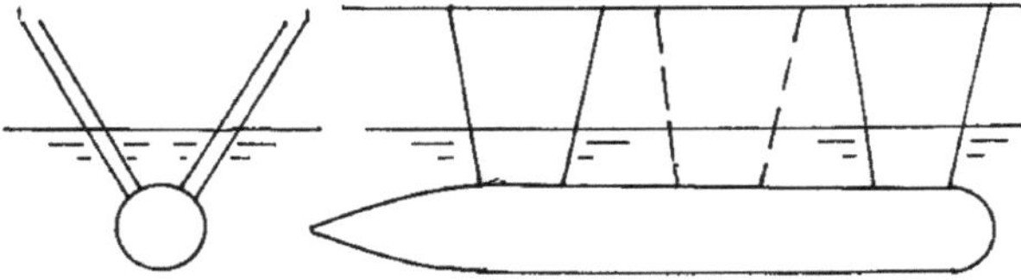

Fig. 15. Posible opción de puntales, cuatro o tres en cada góndola.

Los puntales cortos inclinados pueden ser colocados por dos pares en los extremos de la gondola, o tres puntales pueden ser distribuidos por la longitud de la gondola (Certificado de Intención de la URSS, No. 1383267 del 22 de Febrero de 1979). Parece evidente que los puntales inclinados no son convenientes para el acceso de la tripulación y la carga del motor o equipo a la gondola. Cualquier carga de motores o equipos sólo es posible en un muelle. Este esquema de puntales es lo suficientemente conveniente, si los motores principales están dispuestos en la plataforma sobre el agua, porque el acceso de la tripulación puede ser asegurado a través de puntales lo suficientemente delgados e inclinados. Pero tal esquema de puntales es más efectivo desde el punto de vista del peso de la estructura, debido al efecto de la estructura espacial.
Además, un buque SWA de casco es posible, si se aplican los pares de puntales inclinados, porque la estabilidad lateral inicial está asegurada por los hidroaviones de los puntales. Además, los puntales inclinados pueden garantizar una elevación hidrodinámica añadida a velocidades suficientemente grandes.

Para todas las combinaciones de gondola SWA con láminas o strut-foils, la velocidad cero corresponde a una mayor distancia lateral entre las láminas de agua, para asegurar la estabilidad inicial lateral y longitudinal. A velocidad, el calado disminuye, y ambos valores de estabilidad están asegurados por el control del levantamiento de la lámina.

El otro nuevo método de crecimiento de la velocidad de un buque SWA fue propuesto por el autor. Las velocidades más alcanzables de los buques SWA necesitan una forma principalmente nueva de casco SWA. Dicha forma debe tener una proa delgada y una popa de góndolas lo suficientemente plana - velocidades de "semi-

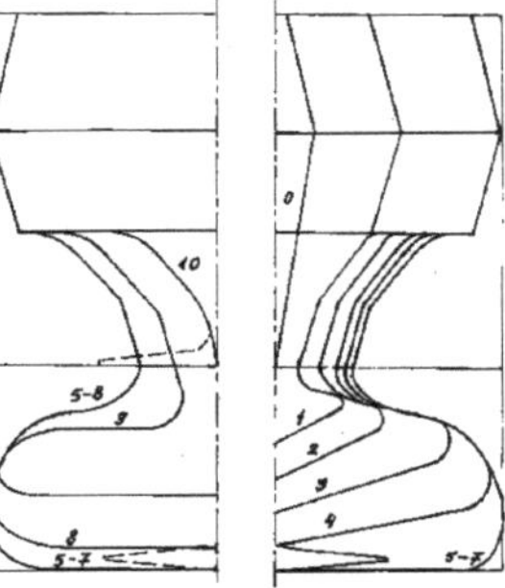

para lograr un régimen de deslizamiento".

Fig. 16. Un esquema de geometría de casco SWA "semiplano" (se muestran dos posiciones
alternativas de láminas de popa).

Como cualquier góndola lo suficientemente plana, el puntal de esa forma se puede
desplazar para obtener la mayor distancia lateral (la distancia lateral entre puntales) para obtener
una viga total constante.

Hay que tener en cuenta que cualquier parte plana de una góndola, popa y/o proa, asegura una
mayor amortiguación de cualquier tipo de movimiento en comparación con la forma de marco
redondo de las góndolas. Pero, por supuesto, cualquier parte plana de una góndola significa aún
más grande, que lo normal, el área mojada relativa (y el área de la superficie de la góndola). La
opción de esta forma de casco se puede aplicar para velocidades más altas mediante una mayor
descarga por láminas, Fig.17.

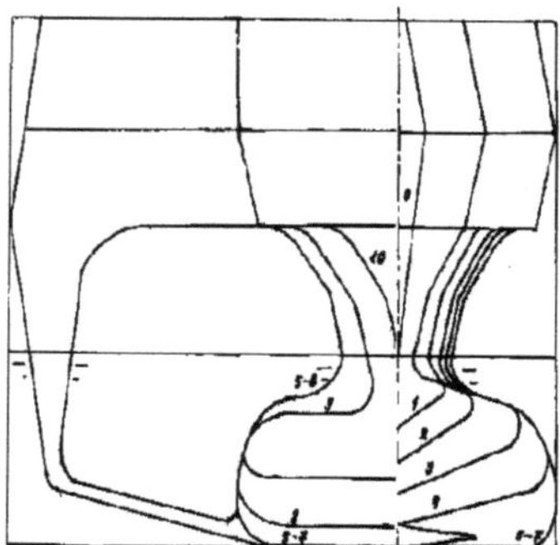

Fig.17.   Monocasco SWA"semi-deslizante" con alta descarga por láminas.

Si las láminas aseguran hasta un 35-40 % del desplazamiento de diseño, la forma puede asegurar
la velocidad relativa (número de Froude por desplazamiento del casco) hasta 3,2 - 3,3.

Algunos datos estadísticos sobre buques SWA construidos y diseñados[3] han sido extraídos de
varias publicaciones. En la Fig. 18 se comparan y aproximan los datos estadísticos de la eslora
total de un buque SWA de doble casco. Los buques de pequeño tamaño tienen un rango más
estrecho de variación de eslora total versus desplazamiento; y los buques más grandes tienen un
rango mucho más amplio de variación de eslora debido a la restricción habitual de la
profundidad del agua.

Las esloras relativas de estos buques SWA de doble casco frente al desplazamiento se
muestran en la Fig. 19, donde se comparan con los datos aproximados de los monocascos. Se
puede ver que SWATH puede tener longitudes relativas muy diferentes, es decir, hoy en día esta
característica no es rígida para los buques SWATH.

Los datos de eslora relativa frente al número de Froude por eslora del casco se muestran en la Fig. 20, donde se compara la línea de aproximación 1 con los datos de monocasco de alta velocidad. La eslora relativa de los buques SWATH es, en general, menor que la de los monocascos. Esto también significa una tendencia a una menor área húmeda relativa y un menor momento de flexión longitudinal en las ondas de la cabeza.

La Figura 21 presenta una comparación de las esloras relativas frente a la velocidad absoluta de los buques. La eslora relativa de los buques SWA de doble casco es comparable con la misma característica de los monocascos de alta velocidad.

Una dimensión muy importante, el esbozo de diseño, se muestra en la Fig.22 (excluyendo los datos para calados superiores a 12 m). La línea 1 se encuentra cerca de la curva para los modelos probados de cascos SWA con L/D=12. Esto también muestra que los buques SWA de hoy en día sólo realizan un rango relativamente pequeño de posibles características del casco SWA.

La distancia entre el plano de agua de diseño y la cubierta de mojado es otra característica importante de los buques SWA (Fig. 23). La distancia vertical aplicada a los buques SWA construidos y diseñados es menor de lo que debería ser para la plena realización de la ventaja de la navegación SWA; esto se discute en más detalles a continuación.

La zona de los hidroaviones es una de las principales características de todos los buques SWA. En la Fig. 24 se muestran algunos datos estadísticos sobre SWATH de pequeño tamaño. El área relativa del área del plano de agua, como se muestra en la Fig. 25, también puede ser útil para los diseños de las primeras etapas. Los datos estadísticos indican que el área relativa del hidroavión es cercana a 1,0 para los buques SWA con grandes desplazamientos. Este valor se recomienda como punto inicial para la aproximación cero de los buques SWA para cualquier propósito; en las etapas de diseño posteriores, este valor debe determinarse con mayor exactitud a partir de las condiciones de estabilidad iniciales.

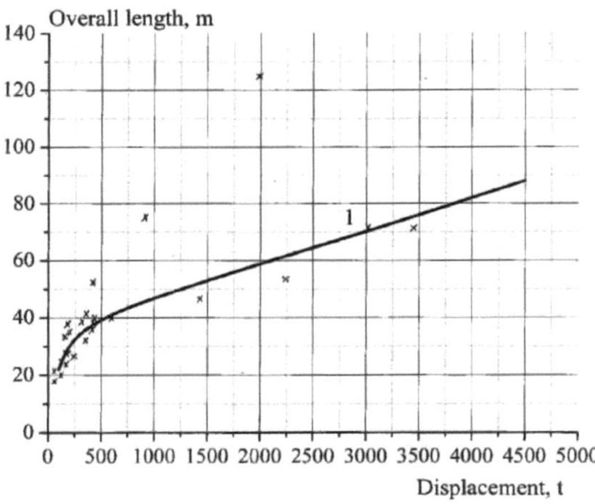

Fig. 18. Algunos datos estadísticos sobre la eslora total de los buques SWA de doble casco. 1-aproximación.

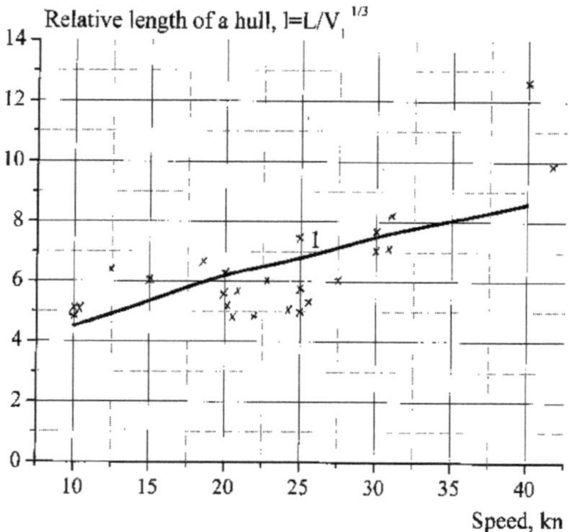

Fig. 19. Algunos datos estadísticos de longitud relativa. 1- curva de aproximación para monocascos de alta velocidad.

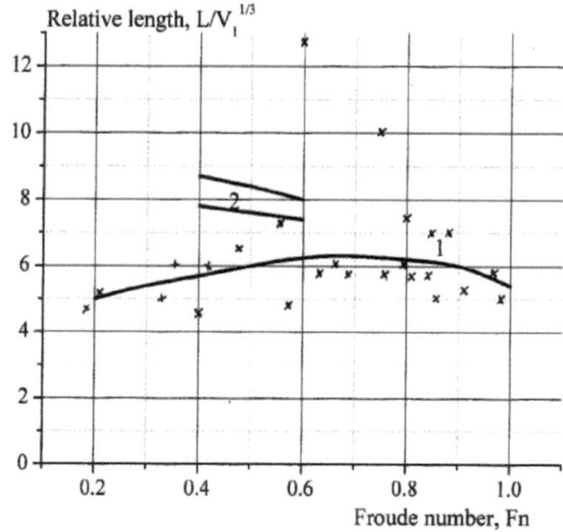

Fig. 20. Longitud relativa versus longitud Número de Froude. 1- curva de aproximación para SWATH; 2 - datos para monocascos de alta velocidad.

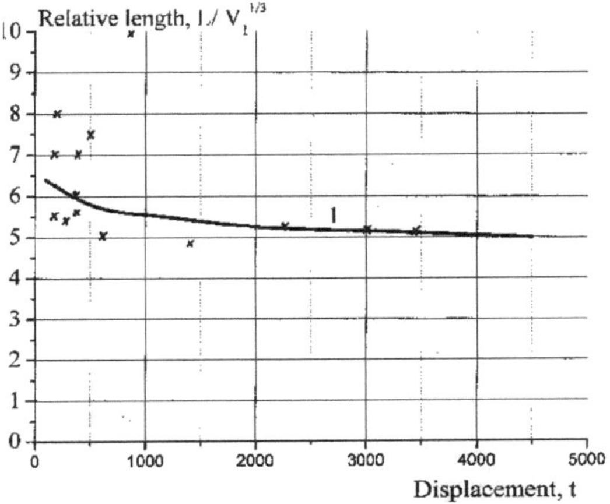

Fig. 21. Comparación de la longitud relativa del casco SWA de doble casco con la misma característica de los monocascos (curva 1).

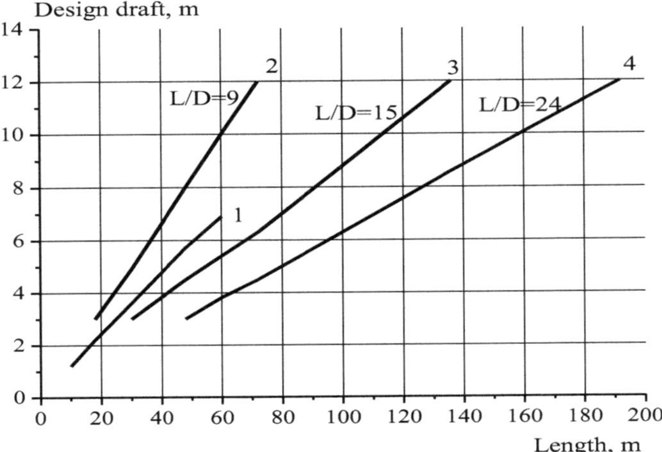

Fig. 22. Proyecto de diseño SWATH versus eslora del casco: 1 curva de aproximación de[10]; 2,3,4 datos de modelos de casco SWA probados con diferentes haces de góndola relativos 9, 15, 24 recalculados a escala real[1].

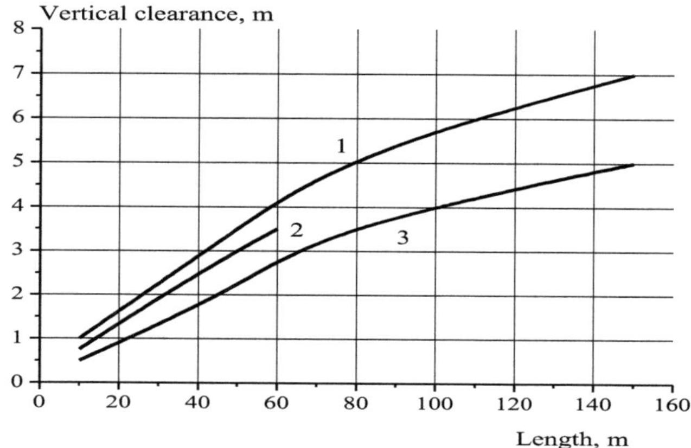

Fig. 23. Comparación de la holgura vertical: 1, 3 valores recomendados y mínimos de holgura vertical[1]; 2 datos promediados de[10].

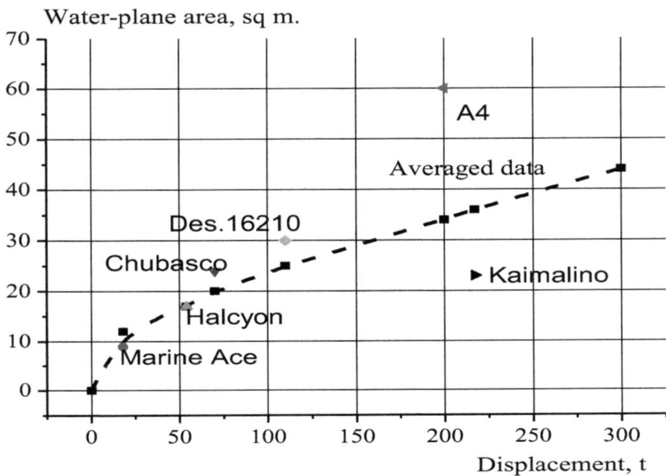

Fig. 24. Algunos datos estadísticos sobre el área del hidroavión. (A4, diseño 16210 - diseños de la empresa rusa "Agat").

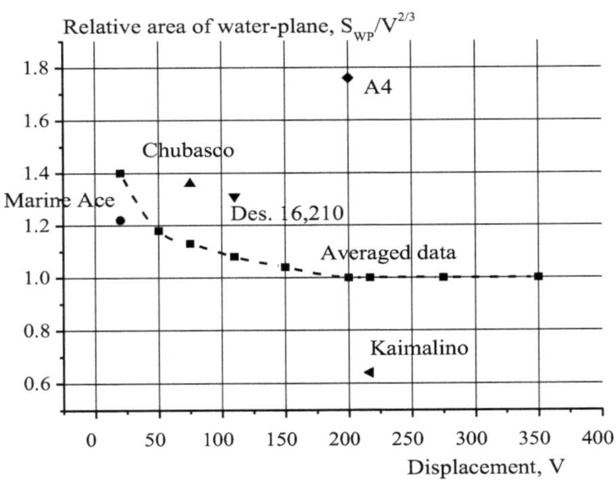

Fig. 25. Algunos datos sobre el área relativa del plano de agua de SWATH de pequeño tamaño.

1.2. Área de cubierta.

Como se ha señalado anteriormente, la superficie necesaria de cubiertas es una de las principales características de todos los multicascos, incluidos los buques SWA. La superficie relativa de las cubiertas se basa en la mayor correlación posible de las dimensiones de los distintos tipos de buques,[3]. Los principales resultados de las comparaciones correspondientes se muestran en el cuadro 1.

Tabla 1.

Superficie relativa de la cubierta superior de varios tipos de buques.

Tipo de barco.	Longitud relativa de un casco.	Posibles correlaciones de dimensiones.	Superficie relativa de la cubierta/
Monocasco de alta velocidad	$lMON=L/V1/3$	$L/B=8$; $_{AD}\sim0,8$	**0.1*L2**
Duplus o trisec	$11=0.8*lMON$	$LSW=0.64*L$; $BOA=(0.3\div0.5)*LSW$; $_{AD}\sim1.0$	**(0.19÷0.32)*L2**
Casco principal SWA + dos estabilizadores	$11=0.8*lMON$	$LM=0,8*L$; $LM/BM=8$; $_{LA}=(0,3\div0,4)*LM$; $BOA=(0.3\div0.4)*LM$;	**(0.13÷0.16)*L2**
Tricore	$11=0.5*lMON$	$L1=0.35*L$; $_{AD}\sim0.75$; $LOA=1.6*L1$; $BOA=(0.6\div0.8)*L1$;	**(0.25÷0.35)*L2**

Aquí: L,V,B - eslora, desplazamiento, manga de un monocasco de base, plenitud de la cubierta superior $_{AD}$; B1, $_{BOA}$ - manga de un casco y manga total; LSW - eslora de la hidroavión; eslora del saliente LO; eslora del casco principal LM; lMON, 11 - eslora relativa del monocasco y del monocasco de un multicasco.

Parece evidente que el buque SWA tendrá una superficie de cubiertas y un volumen interior más o menos mayores en el mismo número de cubiertas. Por lo tanto, la carga útil de cualquier multicasco se coloca generalmente en la estructura sobre el agua, que conecta los cascos.

1.2. Estabilidad intacta y actitud ante daños.

La estabilidad longitudinal de los buques SWA es notablemente inferior a la de los monocascos comparables. Esto significa que la estabilidad longitudinal del ASO debe estar restringida por las normas de diseño. En cuanto a la correlación entre la eslora total y la manga, la altura metacéntrica longitudinal debe ser aproximadamente dos veces mayor que la transversal para los buques SWA de doble casco, y tres veces mayor para los buques SWA de triple casco. Para una definición más exacta, la estabilidad transversal intacta de los buques SWA se seleccionó de la misma manera que la del monocasco comparable.

Por el contrario, los multicascos con forma tradicional (catamarán, trimarán) tienen una viga global relativa, que se define por la necesidad de un flujo suave entre los cascos; esto significa

una estabilidad mucho mayor de todos los multicascos con forma tradicional de cascos en comparación con los monocascos y los buques SWA...
Como se muestra en el cuadro 2, la estabilidad transversal necesaria define el haz global relativo de los buques SWA.

Tabla 2.

Las dimensiones principales y la estabilidad intacta de varios barcos de 1000 toneladas (dimensiones de los estabilizadores - entre paréntesis).

Tipo de barco	Monocasco de alta velocidad	Cata-maría	Duplus	Trisec	Trimarán	Tricore	Casco principal tradicional + dos balancines	Casco principal SWA + dos estabilizadores
Eslora de casco único, m	80	65, 80	47	47	50	40	95 (30)	65 (35)
Longitud total, m	80	65, 80	47	47	80	65	95	65
Viga de casco simple, m	10	6, 4	5	5	5	3.5	7 (1)	7 (1.5)
Manga total, m	10	18, 16	19	22	20	22	16	20
Superficie de la hidroplana, m2	(640)	2 x310, 2x 250	2 x 65	2 x 45	(2) x 200	(2) x 50	2 x 30	2 x 45
Esquema de diseño, m	3	3	4	4	3	4	3 (2)	4 (2)
Altura de centro de volumen, m	2	2	2.5	2.5	2	2.5	2	2
Profundidad del casco, m	6	9	11.5	11.5	9	11.5	9	11.5
Altura del centro de la masa, m	4	6	7	7	6	7	6	7
Radios metacéntricos	4	37, 19	6.5	6.5	23	8.5	6.5	7

transversales, m								
Transversal metacéntrica altura, m	2	33, 15	2	2	19	4	2.5	2
Longitudinal metacéntrica radios, m	273	274, 218	22	11	303	156	325	32
Longitudinal altura metacéntrica, m	272	270, 214	17	6.5	302	151	321	27

* hasta la cubierta de cierre

Parece evidente que la disminución de la estabilidad transversal hace que sea más difícil asegurar la actitud de avería necesaria (calado, escora, calado): el mismo volumen inundado de un buque SWA significa mayor escora, escora en comparación con un monocasco. Pero por lo general, la tabla necesaria del buque SWA sobre el agua puede ser asegurada de manera bastante simple - si la cubierta de cierre es la cubierta superior de la plataforma sobre el agua - debido a la mayor profundidad de los cascos SWA.

La disminución de la estabilidad transversal de un buque SWA puede compensarse con una mayor inclinación de los paneles de los puntales cerca de la plataforma sobre el agua; esto asegura una mayor área del diagrama de estabilidad.

Pero la circunstancia principal es un volumen hermético de la plataforma sobre el agua; el ajuste y el talón están fuertemente restringidos después de que el tablero de la plataforma o final de ir al agua. Y la inundación de los volúmenes internos también está restringida porque normalmente todos los agujeros en la cubierta superior de la plataforma se colocan cerca del plano central del barco en su conjunto.

Por lo general, la estabilidad a la avería de los buques SWA puede garantizarse de forma suficientemente sencilla mediante un volumen suficiente de agua en la plataforma sobre el agua. Se puede recomendar el llenado de los volúmenes interiores de los extremos de los cascos SWA con bloques flotantes especiales o gránulos suficientemente grandes en bolsas de red para asegurar la actitud necesaria ante los daños de los buques SWA.

En cuanto a los estabilizadores, sus dimensiones no suelen ser lo suficientemente grandes, y son comparables con las posibles dimensiones de los agujeros en el momento de la avería. Esto significa que, en el momento de la avería, se debe suponer la inundación total de los estabilizadores, y la pérdida de estabilidad transversal es evidente. Para evitar tales resultados, los estabilizadores deben llenarse también con bloques de inundación. El método alternativo es asegurar la estabilidad de la avería con un solo brazo, pero esto significa mayores dimensiones, masa y resistencia propia de los brazos.

Como resultado general, la especificidad de la estabilidad de los buques SWA no se corresponde con las normas habituales, que antes se proponían para los monocascos. Esto significa que cualquier nuevo buque SWA es un buque experimental, que necesita reglas especiales de diseño y discusiones con algún Registro.

1.3. Seaworthiness.

La alta marinería de los buques SWA es su principal especificidad y ventaja. La especificidad descrita anteriormente de las dimensiones y la estabilidad de los buques SWA también define la especificidad de su mantenimiento en el mar.

Es bien sabido, los perÃodos propios de los movimientos influyen en gran medida a la marejada de los barcos. Los períodos se definen por correlaciones de fuerzas y momentos de restauración e inercia. Para el paso, la correlación es la correlación de la estabilidad longitudinal y el momento de inercia de la masa en relación con el eje transversal (incluido el momento de la masa de agua añadida).

Por ejemplo, la estabilidad de un buque SWA de doble casco es mucho menor que la de un monocasco comparable, pero la diferencia de inercia de masa no es tan grande. Esto significa que el propio período de paso de los buques SWA de doble casco es mayor, que el de los monocascos, en aproximadamente 2 veces.

Aproximadamente lo mismo, a partir de monocasco, la estabilidad transversal del buque SWA de doble casco y su momento suficientemente mayor de inercia de masa relativa eje longitudinal dan dos veces más grande, que de monocasco, propio período de balanceo. Las correlaciones se muestran en la Fig. 26.

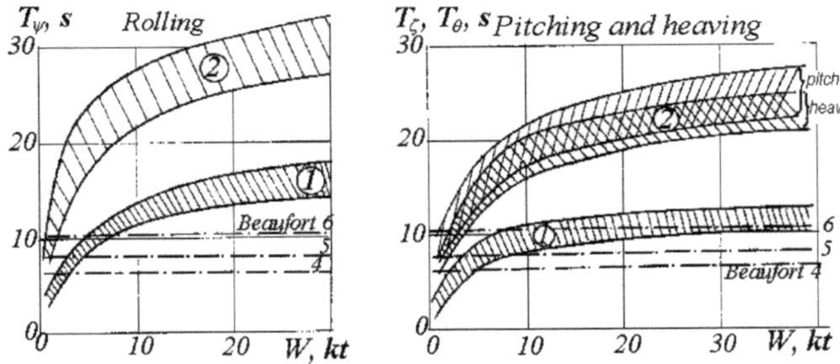

Fig. 26. Períodos propios de balanceo (izquierda) y cabeceo y elevación (derecha) versus desplazamiento del barco: 1 - monocascos, 2 - buques SWA; líneas punteadas - los períodos medios de los distintos Estados marítimos.

Evidentemente, las grandes diferencias cambian las condiciones y los métodos de navegación de los buques SWA en olas. Por ejemplo, los monocascos suelen tener resonancia de cabeceo en las olas de proa; por el contrario, los buques SWA tienen resonancias de cabeceo y cabeceo en las olas siguientes o cerca de ellas. Los buques SWA lo suficientemente grandes prácticamente nunca tienen resonancia de balanceo en ondas laterales.

Las amplitudes de resonancia de los buques SWA suelen ser mayores que las de los monocascos comparables, debido a la menor amortiguación de los movimientos, pero las aceleraciones de resonancia no son tan grandes debido a los períodos propios suficientemente grandes.

La Fig. 27 compara las amplitudes de paso de dos barcos de 100 toneladas en ondas de cabeza. Se probaron modelos de duplicados y catamaranes, pero la inclinación del catamarán es aproximadamente la misma que la de un monocasco comparable (la misma longitud y desplazamiento).

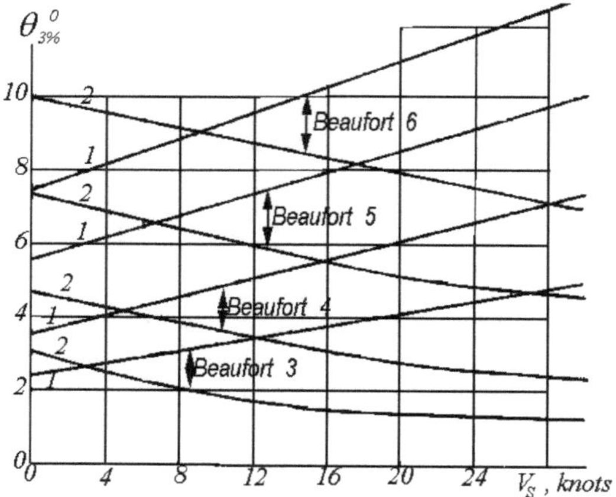

Fig. 27. Amplitudes únicas de cabeceo en olas de cabeza de barcos de 100 toneladas: 1 - catamarán o monocasco; 2 - duplicados. También se muestran los estados del mar según la escala de Beaufort.

Evidentemente, el paso duplicado disminuye con el crecimiento de la velocidad; no es habitual en embarcaciones de forma tradicional, como el monocasco y el catamarán.
Desafortunadamente las amplitudes de aceleración vertical aumentan con el crecimiento de la velocidad, pero más lentamente, a medida que las aceleraciones de catamarán o monocasco, Fig. 28.

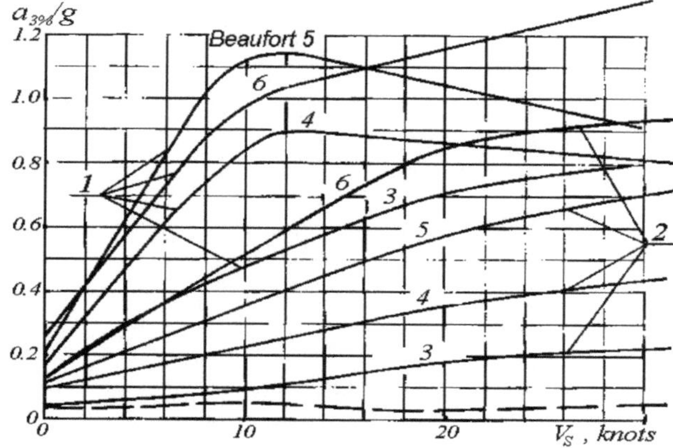

Fig. 28. Aceleraciones verticales de proa de los mismos barcos: 1 - catamarán o monocasco, 2 - duplicados. Los Estados del mar según la escala de Beaufort se indican mediante números.

Si la velocidad de las ondas de la cabeza está limitada por las aceleraciones, los duplicados tan pequeños tienen la ventaja evidente, véase la Fig. 29.

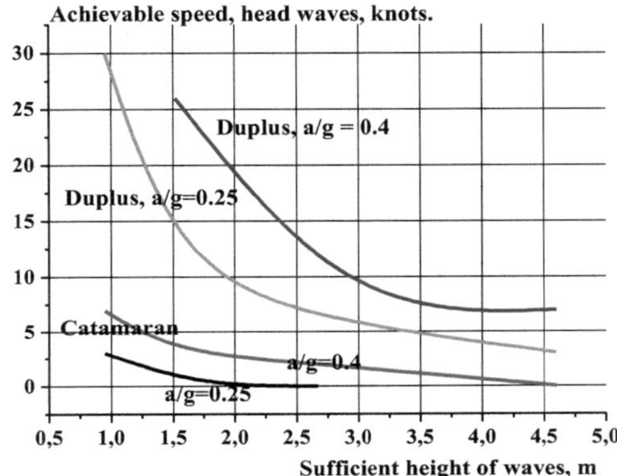

Fig. 29. Velocidades alcanzables de los mismos barcos para varios niveles permitidos de aceleraciones verticales.

Incluso las primeras pruebas a gran escala de buques SWA han demostrado que estos buques tienen aproximadamente el mismo comportamiento en la mar, como los monocascos con un desplazamiento de entre 5 y 15 veces mayor (en dependencia de la superficie relativa alcanzada del hidroavión). Por ejemplo, la Fig. 30 muestra las amplitudes de paso de algunos monocascos de varios desplazamientos y duplicados experimentales de desplazamientos de 600 t; sus modelos fueron probados a finales de los años setenta.

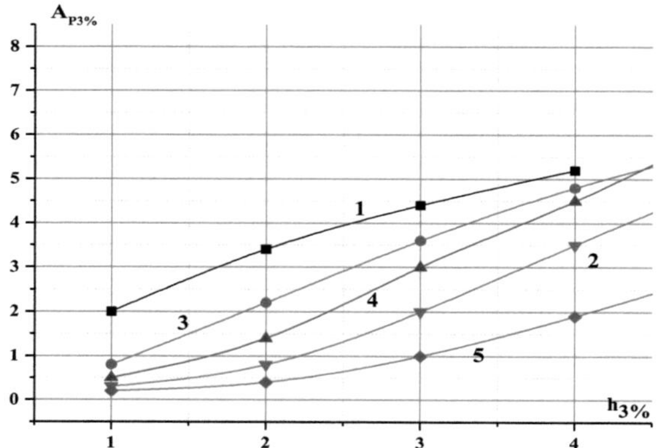

Fig. 30. Amplitudes de paso: 1 - monocasco, 1000 t, 15 nudos, olas de cabeza; 2 - igual, 3500 t, 15 nudos; 3 - duplicado, 600 t, olas siguientes, 10 nudos; 4 - igual, olas de cabeza; 5 - igual, 18 nudos.

También es evidente que el paso del buque SWA disminuye a mayor velocidad en las ondas de cabeza. La Fig. 31 muestra las amplitudes de los rodillos de los mismos barcos en ondas laterales.

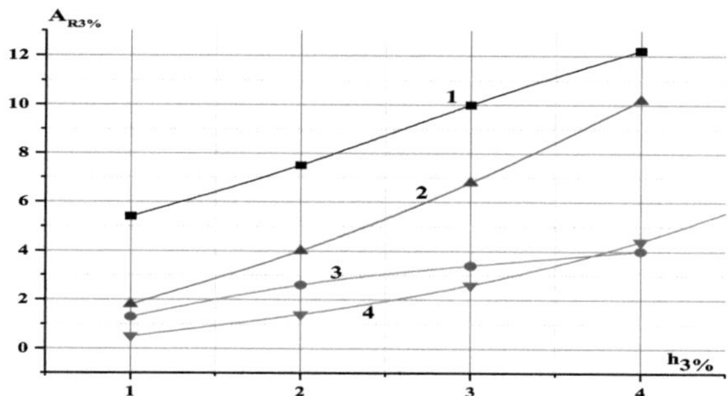

Fig. 31. Rodar amplitudes en ondas laterales: 1 - monocasco, 1000 t; 2 - igual, 3500 t; 3 - doble, 600 t, en reposo; 4 - igual, 18 nudos.

Se debe tener en cuenta que todos los datos mostrados corresponden a buques sin mitigación de movimiento.
Y una de las especificidades de las naves SWA es la mayor eficacia de todos los sistemas de mitigación de movimiento debido a las relativamente pequeñas fuerzas perturbadoras y momentos en las olas. Esto significa que las fuerzas y momentos habituales de los sistemas de

mitigación son lo suficientemente mayores en relación con las perturbaciones externas en los cascos SWA. La Fig. 32 muestra las amplitudes de movimiento del modelo-prototipo 10-t del buque SWA con y sin mitigación de movimiento.

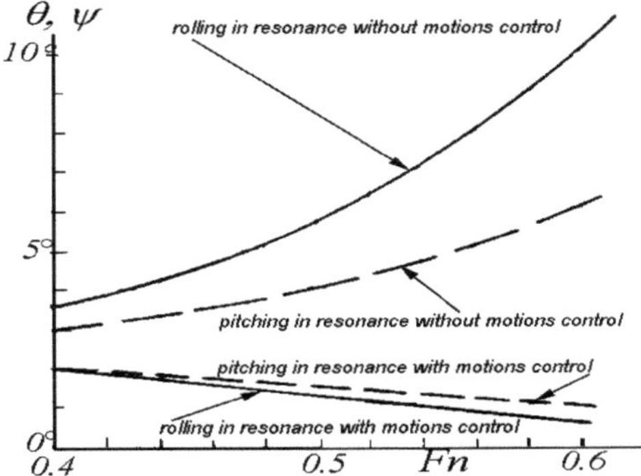

Fig. 32. Amplitudes de movimiento del modelo de 10-t duplicados versus velocidad relativa (líneas superiores - sólido es balanceo, punteado uno - inclinación, sin mitigación de movimiento; líneas inferiores - sólido uno es balanceo, punteado uno es inclinación, con mitigación de movimiento).

1.4. Rendimiento en agua lisa-[3].

Un casco único con una pequeña superficie de hidroavión difiere de la tradicional en que la superficie húmeda es relativamente mayor y el coeficiente de resistencia residual es menor. (Hay que tener en cuenta que estas características son mutuamente dependientes de los métodos contemporáneos de predicción de la resistencia de remolque. Esto significa que es imposible comparar el casco y el buque por una o ambas de estas características. Todas las opciones pueden ser comparadas sólo por valores de resistencia de remolque.
La Fig. 33 contiene algunos datos principales sobre la superficie húmeda relativa de varios cascos individuales.

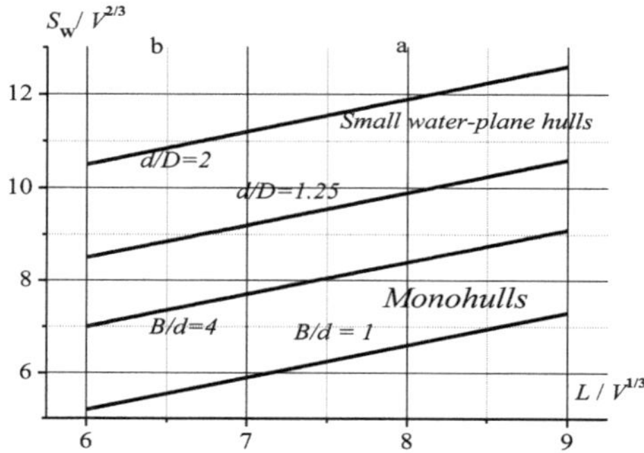

Fig. 33. Zona húmeda relativa: líneas superiores - cascos pequeños de la zona de la hidroplana con varios calados; líneas inferiores - cascos tradicionales; aquí d - calado, D - diámetro de la góndola, B - manga del casco.

La Fig. 34 muestra una comparación de los coeficientes de resistencia residual de varios cascos.

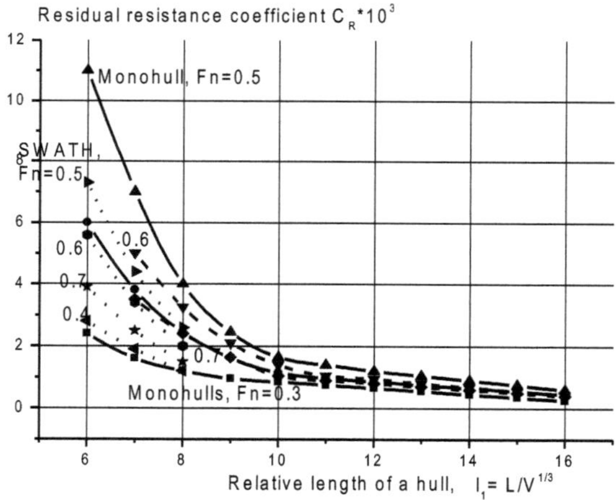

Fig. 34. Coeficientes de resistencia residual de los cascos simples: líneas sólidas - líneas tradicionales, líneas punteadas - cascos con área de agua pequeña (a calado d = 1,25D, D - diámetro de la góndola).

La conexión de algunos cascos SWA a buques de doble o triple casco significa fenómenos añadidos de interacción hidrodinámica de campos de velocidades generadas y sistemas de olas de cascos.

La interacción depende del número, la ubicación mutua, las dimensiones relativas y la forma de los cascos.

En primer lugar, está la interacción de los sistemas de olas de una góndola y uno o dos puntales, ver Fig. 35.

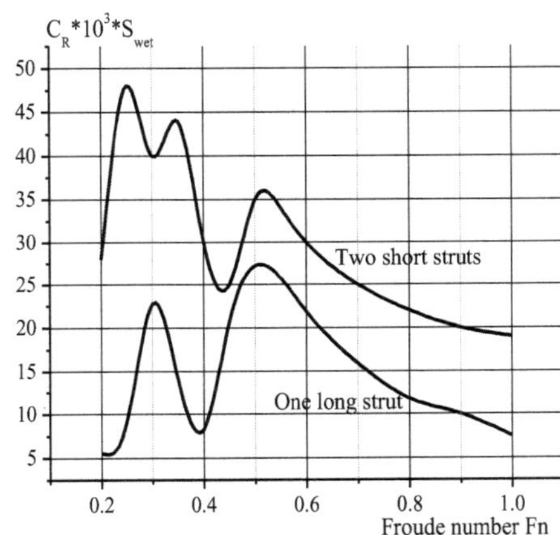

Fig. 35. Coeficientes de resistencia residual: línea superior - la góndola con dos struts; línea inferior - la góndola y un strut (largo).

El máximo de la línea superior corresponde al número de Froude 0.5 por la longitud del strut, es decir, al número de Froude más pequeño por la longitud de la góndola.

Si el número de Froude por la longitud de la gondola es de aproximadamente 0.5, cada casco puede ser cambiado por dos más cortos. En este caso, la velocidad relativa de la gondola corta será mayor en 1.4 - 1.6 en comparación con la gondola larga inicial, es decir, se evitará la joroba de olas. Además, dos góndolas más cortas también tendrán un área húmeda relativamente más pequeña. La Fig. 36 muestra el coeficiente de resistencia residual de los cascos más cortos.

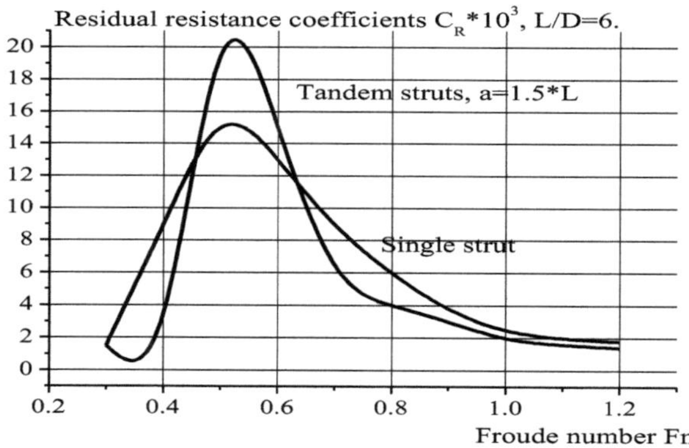

Fig. 36. Coeficiente de resistencia residual de cascos con elongación de la góndola L/D = 6; casco único y tándem de cascos con una distancia de 1.5L entre ellos.

Excepto la "interacción longitudinal", también existe una interacción transversal, por ejemplo, Fig. 37.

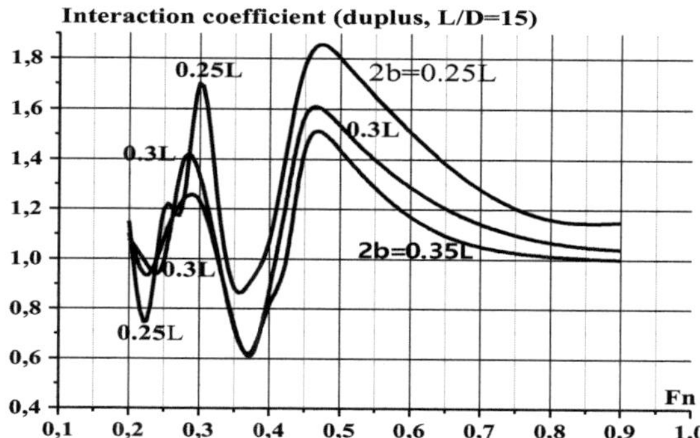

Fig. 37. Coeficiente de interacción de cascos dobles, elongación de la góndola L/D = 15 con tolerancias transversales variables.

Evidentemente, hay una interacción favorable en los números de Froude desde 0.2 hasta 0.25 y 0.33 hasta 0.43; el rango de reposo de velocidades relativas corresponde a una interacción no favorable de los sistemas de ondas. La interacción aspira a cero a velocidades relativamente altas.

La influencia del juego longitudinal de un tricoro sobre los coeficientes de resistencia residual es una opción de interacción longitudinal, véase la Fig. 38.

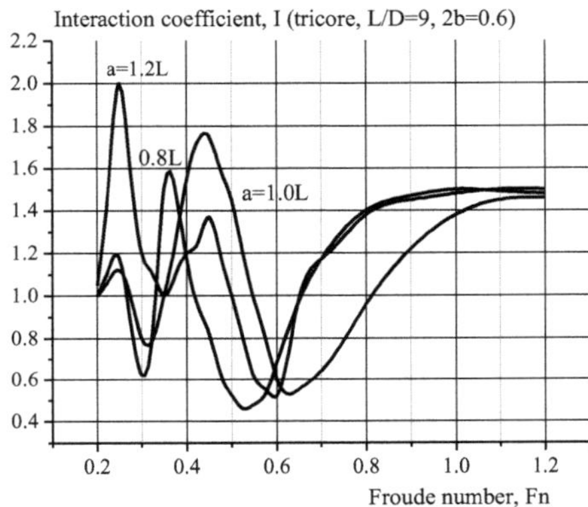

Fig. 38. Coeficiente de influencia de los coeficientes de resistencia residual frente a la velocidad relativa y la colocación mutua de los cascos tricore.

Evidentemente, la interacción longitudinal es más que suficiente en la comparación con la transversal. Pero una interacción lo suficientemente grande corresponde a un desplazamiento longitudinal mayor.
Las series existentes de pruebas de modelos SWA en Rusia permiten estimar todas las opciones posibles de la geometría del buque SWA desde el punto de vista de la resistencia del remolque. La colocación longitudinal de los estabilizadores actúa al máximo sobre los coeficientes de resistencia residual de los buques con estabilizadores, Fig. 39.

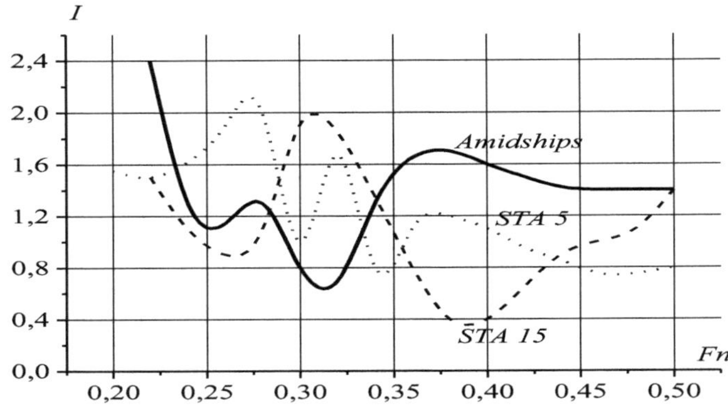

Fig. 39. La colocación del voladizo por longitud actúa sobre los coeficientes de resistencia residual del buque con voladizo: línea sólida - voladizo en el centro; línea punteada - voladizos en la popa; línea punteada - voladizos en la proa.

En lo que se refiere a los propulsores, los tipos habituales de ellos pueden utilizarse para los buques SWA, normalmente colocados por uno a popa de ambos cascos, a popa de los cascos laterales de los buques de triple casco, o por uno o más a popa del casco principal de un buque con balancín.

Por lo general, los SWA tienen un mayor calado de diseño, como mínimo - en el mar, en comparación con los monocascos; esto significa que los propulsores de buques SWA tienen un mayor diámetro, es decir, un mayor coeficiente de propulsión.

La otra especificidad de los buques SWA es una mayor estela viscosa y una menor succión, es decir, un mayor coeficiente de influencia del casco en la propulsión.

Un gran número de modelos remolcados y algunos modelos autopropulsados de buques SWA permiten una estimación previa del rendimiento de los buques SWA en las primeras etapas del diseño sin necesidad de realizar pruebas adicionales.

1.5. Controlabilidad.

Como la mayoría de los buques multicasco, los SWA han aumentado su estabilidad en el rumbo y han disminuido su capacidad de control, a pesar de su menor eslora (véase, por ejemplo, la Fig. 40).

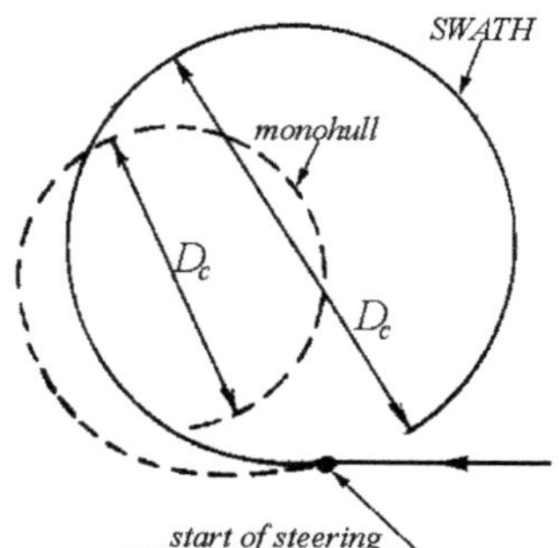

Fig. 40 . Trayectorias de un SWATH y un monocasco durante la circulación.

La especificidad del buque SWA es la dependencia de la controlabilidad de la actitud de la velocidad, es decir, del ajuste dinámico y del calado.

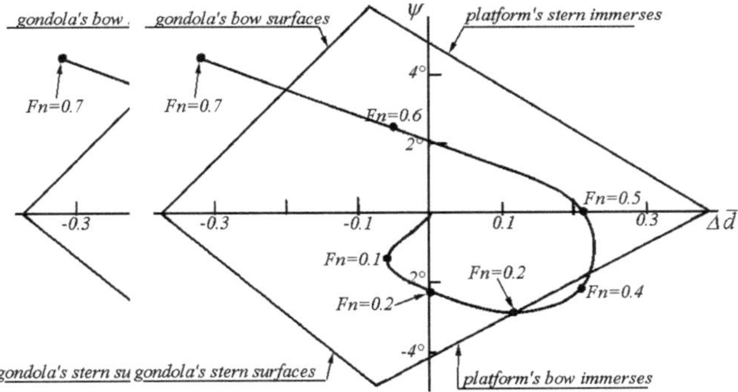

Fig.41 Esquema de las posiciones de marcha de SWATH con movimiento recto y sus límites permitidos

Los buques SWA de baja velocidad pueden controlarse cambiando la actitud dinámica, sin necesidad de timones, por supuesto, véase la Fig. 2.
La investigación más detallada de la controlabilidad de los buques SWA fue llevada a cabo por el Dr. V. Megorsky en el Instituto de Investigación de Construcción Naval de Krylov, URSS, en sus 70 años de existencia. Estas investigaciones garantizan las predicciones de controlabilidad en las primeras etapas del diseño.

1.6. Fuerza.

El esquema completo de fuerzas externas y momentos de los buques multicasco, incluyendo los buques SWA, es suficientemente completo. Pero se puede aplicar un esquema más simple de las principales cargas externas en las primeras etapas del diseño: fuerza horizontal transversal y definida por el momento de flexión, véase la Fig. 42.

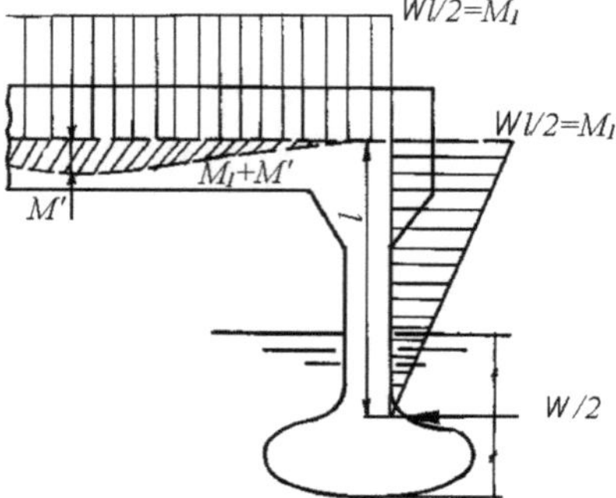

Fig. 42. Esquema simplificado de cargas transversales externas en buques SWA.

Las cargas transversales máximas actúan en reposo en las ondas laterales y es el caso de diseño de la resistencia transversal.

Los mamparos transversales, que se colocan en todos los cascos de los buques SWA, son muy importantes para garantizar la resistencia transversal, junto con sus correas añadidas (véase la Fig. 43).

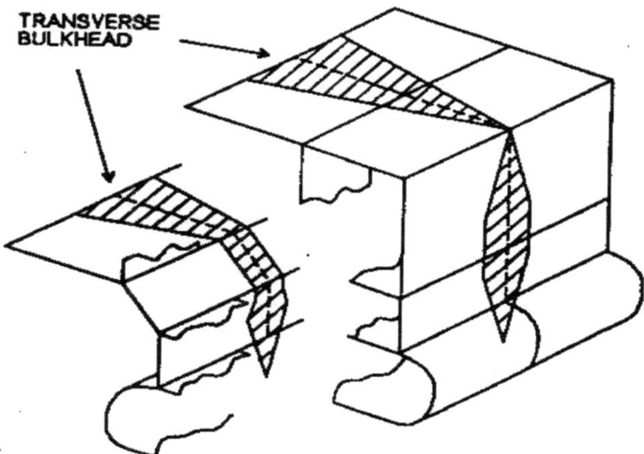

Fig. 43. Bandas añadidas de mamparos de casco SWA, que garantizan la resistencia transversal [10].

La disposición de los mamparos transversales (en toda la manga del buque) se llevará a cabo en la fase más temprana del proyecto. Si un mamparo debe tener algunos agujeros, su resistencia debe ser recuperada con detalles especiales.

La resistencia longitudinal es menos importante para los buques SWA de doble casco, debido a la menor longitud de los cascos y al menor momento de flexión longitudinal. Pero esta resistencia de los buques SWA de triple casco, incluidos los de balancín, es suficientemente importante y debe ser comprobada, como en el caso de los monocascos.

La principal especificidad de los buques SWA es la disminución de los momentos de flexión longitudinal con mayor velocidad en las ondas de cabeza, Fig. 44 (por el contrario, el momento de los monocascos crece con el aumento de la velocidad).

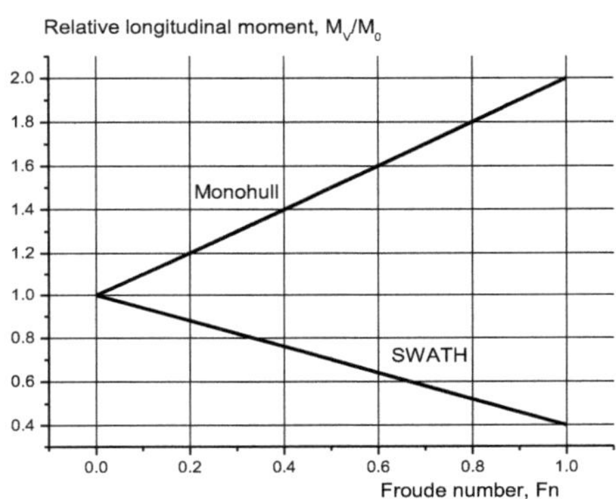

Fig. 44. Dependencia aproximada del momento de flexión longitudinal de un buque SWA a partir del número de Froude, ondas de cabeza.

Por lo general, el corte más cargado de la estructura del buque SWA es la sección horizontal del puntal vertical en el lugar de la viga mínima. Esto significa que la estructura debe ser lo suficientemente lisa < para evitar la concentración de deformación en el corte más cargado.
Si el espesor necesario de la piel del puntal se define por el corte más cargado, y el valor se acepta como promedio para toda la estructura, la información adicional sobre las dimensiones totales permite predecir la masa de la estructura del casco (véase la Fig. 45).

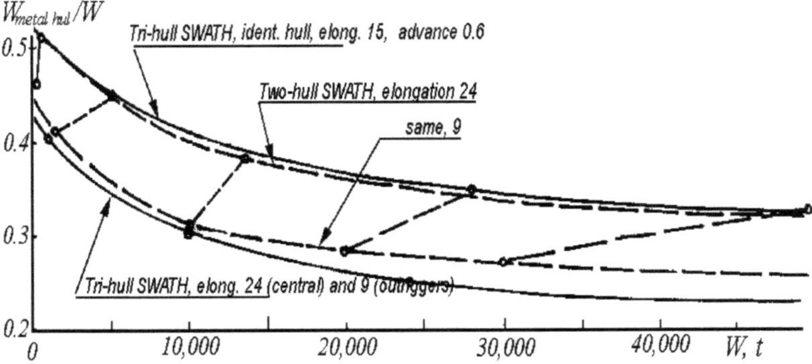

Fig. 45. Resultados del cálculo (a partir de las Figs. 42 y 43) de la estimación de la masa de la estructura de acero de varios buques SWA.-[1].

Por lo general, el desplazamiento total relativo de la estructura del buque SWA es mayor que el de los monocascos comparables, pero menor en relación con la superficie de las cubiertas.
Los buques SWA con estabilizadores se diferencian de todos los multicascos por la menor masa relativa de la estructura.

1.7. Diseño.

El autor ha propuesto un algoritmo especial de diseño de buques SWA para tener plenamente en cuenta su especificidad. Uno de los principales datos iniciales para este algoritmo es el área necesaria de las cubiertas.
Como regla general, el buque SWA diseñado no tiene prototipos; por lo tanto, el algoritmo propuesto incluye cálculos directos de todas las características técnicas y de explotación necesarias, sin necesidad de volver a calcularlo a partir de un prototipo. Y la dimensión se selecciona por la variación de sus correlaciones y la comprobación de las características del resultado para la correspondencia con los estándares preseleccionados (por ejemplo, el estándar de estabilidad transversal inicial). La Fig. 46 muestra el esquema de algoritmos propuesto.

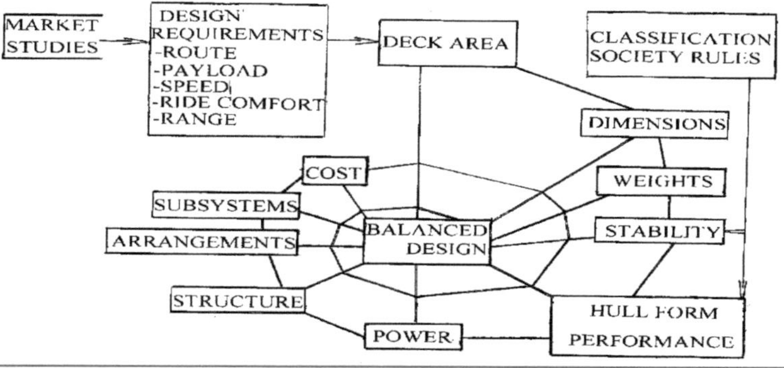

Fig. 46. El algoritmo de diseño especial de las naves SWA.

Las características de las naves SWA fueron investigadas en la URSS desde finales de los años 60. Después de la proposición del algoritmo mostrado, hoy en día es posible el diseño de estudios tempranos de todas las naves SWA necesarias para cualquier propósito.
Además, el autor ha propuesto muchas opciones nuevas de varios buques multicasco, incluidos los SWA (véase la Fig. 47).

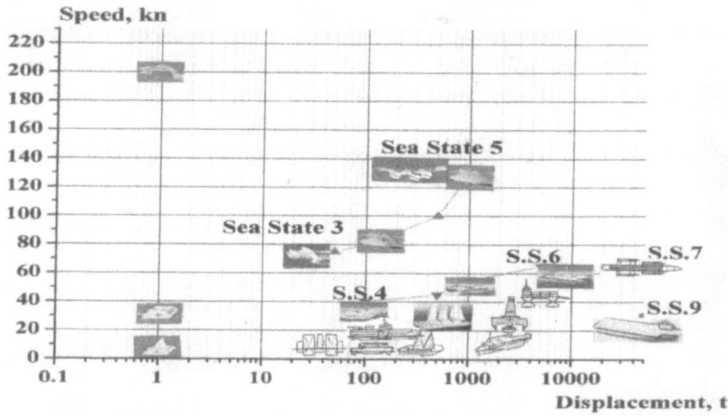

Fig. 47. Algunos de los nuevos tipos de buques multicasco propuestos por los autores.

2. Método universal de comparación de navegabilidad.

La navegabilidad como noción general incluye amplitudes, velocidades, aceleraciones de todo tipo de movimientos, pérdidas de velocidad por diversas razones, golpes y otras acciones de choque de las olas a embarcar, humedad de la cubierta, controlabilidad, etc. Así que una lista amplia significa que la noción es lo suficientemente completa, y por lo general no puede ser definida por un número. Pero la navegabilidad puede ser definida por un número, si se define como **una posibilidad de cumplir con los estándares necesarios de las características seleccionadas por el buque examinado en un mar seleccionado al azar, Seakeeping Coefficient, SC,** para abreviar. La idea fue propuesta por el autor en ruso,[4], y explicada más tarde en inglés[11].

Un buque es un sistema completo de algunos subsistemas, por ejemplo, el casco, la tripulación, las fuentes de energía, el equipo tecnológico, etc., y la operatividad de cada subsistema está definida por unos niveles (normas) de navegabilidad necesarios. El conjunto de las operaciones de mantenimiento de la flota- está definido por la finalidad, la especificidad y las condiciones de explotación del buque.

Significa que el primer paso para describir y comparar la navegabilidad es la selección de las características necesarias y sus normas.

Las características seleccionadas deberán definirse mediante ensayos o cálculos para una amplia gama de alturas de ola y ángulos de rumbo relativos al frente de ola.

Pero por lo general tenemos las características para un número limitado de encabezados: cabeza y ondas laterales, a veces - seguir las olas.

Para una mayor simplicidad podemos aproximar la dependencia de todas las características desde los ángulos de encabezado como seno. Esto significa, por ejemplo, que el cabeceo es cero en las ondas laterales, pero el balanceo es cero en las ondas de cabeza y las siguientes.

Uno de los principales subsistemas, el casco, tiene varias características de navegabilidad en función de las correlaciones entre el tipo de buque y las dimensiones. Pero una presentación uniforme de todas las características permite comparar la navegabilidad de cualquier tipo de buque. Además, la presentación uniforme permite una demostración de la influencia de varias mediciones del desarrollo de un buque sobre su comportamiento en la mar y su operatividad. El algoritmo propuesto para una comparación se muestra a continuación con un ejemplo.

2.1. Datos iniciales.

Para el ejemplo se seleccionan tres características de movimiento: - amplitudes de cabeceo; - aceleraciones de cabeceo; - amplitudes de balanceo.

Estas características de un buque con una pequeña superficie de hidroavión de 600 t de desplazamiento fueron definidas por pruebas de modelos en la cuenca marítima del Krylov Shipbuilding Research Center, San Petersburgo, Rusia, Fig. 48, 49,50.

Además, se seleccionaron dos conjuntos de estándares para la comparación: amplitud de cabeceo (de 3-% de ocurrencia) 3 o 4 grados, amplitud de balanceo 5 u 8 grados, amplitud de aceleración 0.25g y 0.4g. Diversos niveles de normas mostrarán su influencia en el coeficiente de navegabilidad.

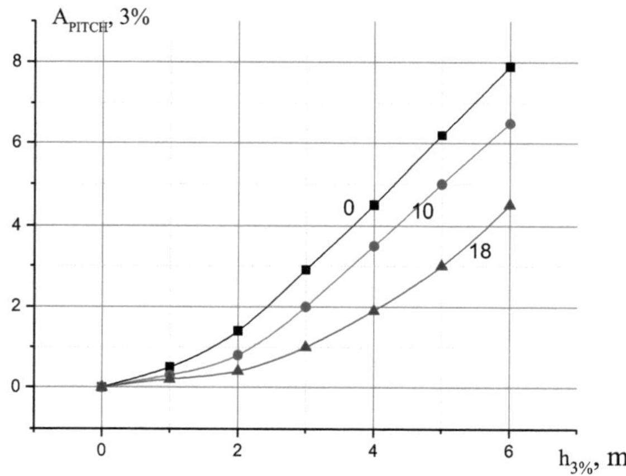

__________Fig. 48. Amplitudes de paso de un SWATH de 600 t (sobre la base de los experimentos).

Una especificidad útil de las naves SWA es la disminución de las amplitudes de cabeceo con el aumento de la velocidad de las ondas de cabeza.

Evidentemente, las caídas de rodillo con los crecimientos de velocidad en olas pequeñas, o no hay ninguna influencia de la velocidad en las amplitudes de rodillo.

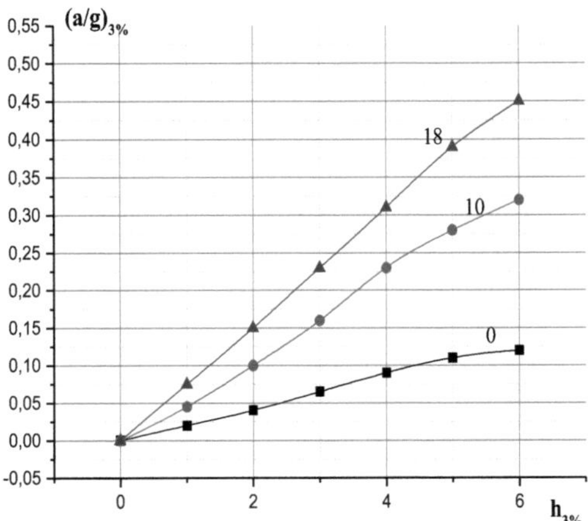

Fig. 50. Amplitudes de aceleración de cabeceo en ondas de cabeza, la misma nave.

Evidentemente, como de costumbre, las amplitudes de paso de los buques SWA crecen con el aumento de la velocidad.

2.2. Dependencia del ángulo del rumbo, comparación con los estándares.

La dependencia sinusoidal de todas las caracterÃsticas del estado del mar de la rÃºbrica se supone abajo. Se recomienda la dependencia real si se conoce a partir de experimentos o cálculos. El siguiente paso de los cálculos es la comparación con los niveles estándar en los campos "característica de movimiento - ángulo de rumbo", véase más adelante.

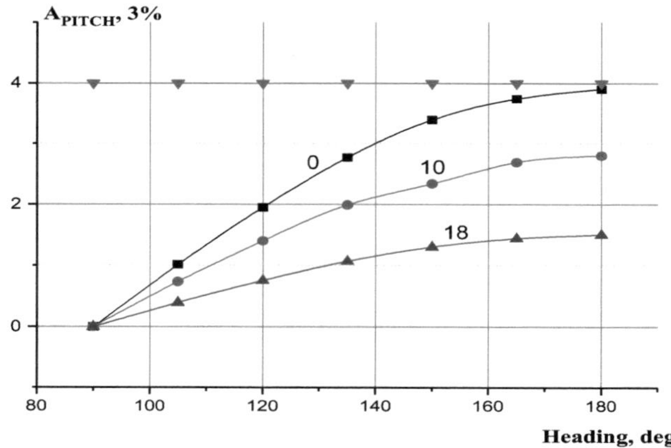

Fig. 51. Comparación de la amplitud de paso con los estándares "más blandos", Estado de la Mar 5.

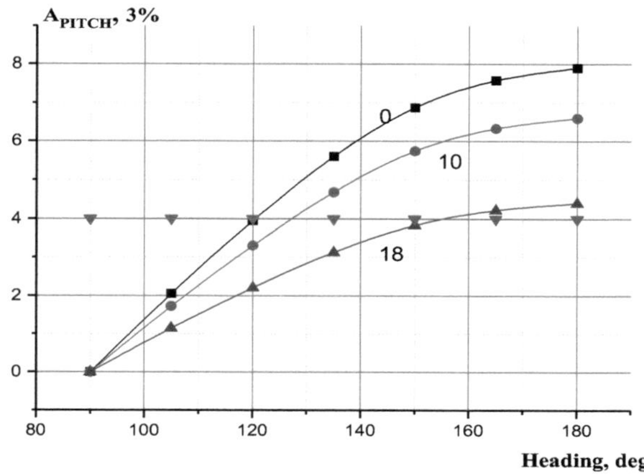

Fig. 52. Lo mismo, Estado del Mar 6.

La Fig. 53 muestra que las amplitudes de los rodillos son menores que los dos niveles seleccionados en el Estado de Mar 5. Y las amplitudes son comparadas con los estándares seleccionados por la Fig. 27 para el Estado del Mar 6.

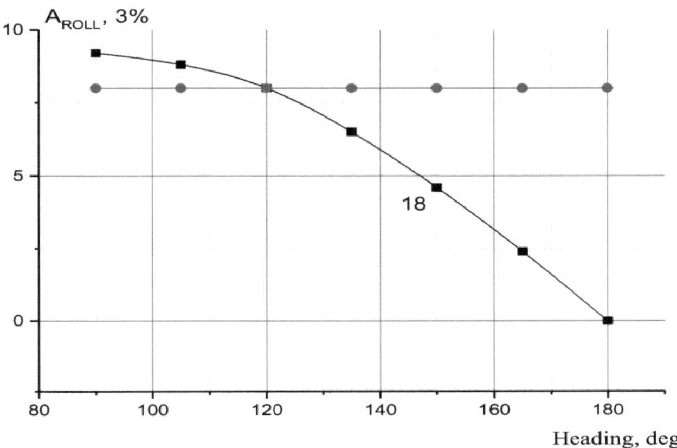

Fig. 53. Comparación de la amplitud de los rodillos con el "estándar blando" seleccionado, estado de la mar 6.

En la Fig. 54 se comparan las aceleraciones de cabeceo con el "soft standard".

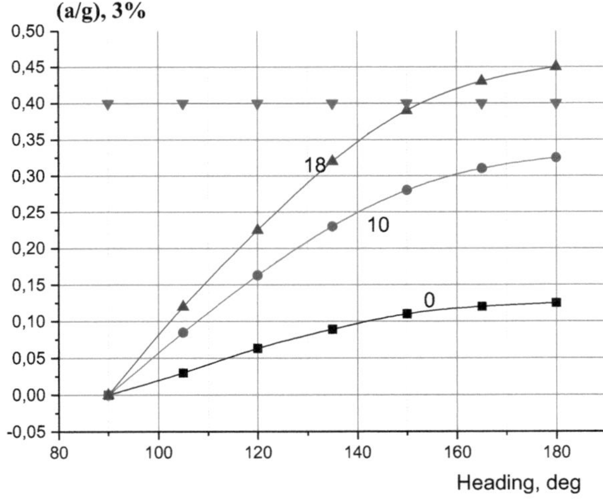

Fig. 54. Comparación de la aceleración de la inclinación, Estado de la mar 6.

2.3. Síntesis de información.

El siguiente paso de los cálculos es una síntesis de los puntos de intersección de las curvas en un campo "ángulo de avance de la velocidad" para diferentes estados de la mar, véase más adelante.

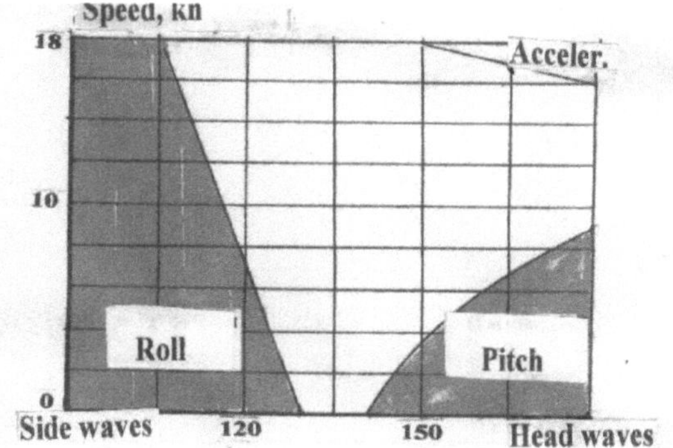

Fig. 55. La definición de regímenes permisibles (no coloreados y señalados con palabras) en el Estado del Mar 5 y más normas "blandas".

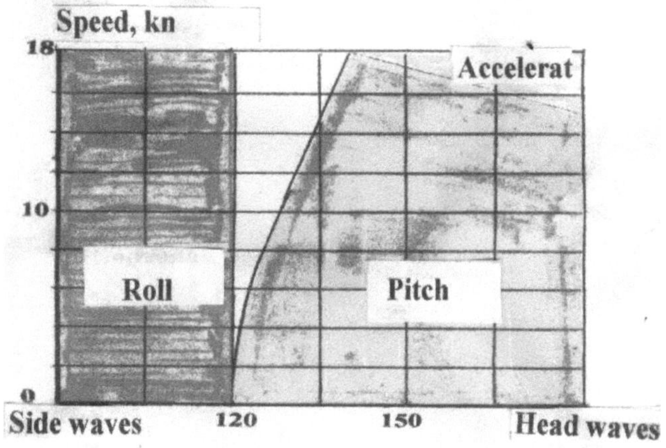

Fig. 56. Más "normas estrictas", Estado del Mar 6.

Los siguientes cálculos dan los coeficientes de navegabilidad para un mar seleccionado. El coeficiente de marejada se define para SWATH de 600 t en Okhotsk Sea, más normas "blandas" "4-8-0.4", Tabla 3.

Tabla 3.

Definición de los coeficientes marítimos, "soft standards".

1	Estado del mar	0	1	2	3	4	5	6	>6	SC
2	de ocurrencia	0	23.7	45	20.3	7.1	2.5	0.8	0.6	
3	Coeficiente de mantenimiento de mar"local", SCL	0	1	1	1	1	1	0.12	0	98.7
4	(2)*(3)	0	23.7	45	20.3	7.1	2.5	-.096	0	

La Tabla 4 contiene los mismos cálculos para los "estándares duros".

Tabla 4.

Definición de los coeficientes marítimos, "hard standards".

1	Estado del mar	0	1	2	3	4	5	6	>6	SC
2	de ocurrencia	0	23.7	45	20.3	7.1	2.5	0.8	0	
3	Coeficiente de mantenimiento de mar"local", SCL	1	1	1	1	1	0.51	0	0	97.45
4	(2)*(3)	0	23.7	45	20.3	7.1	0.54	0	0	

2.4. Algoritmo de cálculos.

1. Selección de la lista y niveles de estándares deseados.
2. Gráficos de las características de la navegación frente a la altura de las olas para algunas velocidades.
3. Gráficos de las normas frente al ángulo de rumbo para algunas velocidades y algunas alturas de ola discretas (Estados del Mar).
4. Trazado de niveles estándar hasta la última serie de gráficos.
5. Los puntos de intersección deben ser trazados a los campos "speed-heading" para cada Estado del Mar examinado.
6. Los pares alcanzables "speed-heading" son el área de los regímenes permisibles; el valor del área debe ser dividido por el valor del área total para cada Estado del mar.
7. Los resultados son "coeficientes locales de navegación", CSL, para cada Estado del mar.
8. Los productos de la multiplicación SCL a las ocurrencias correspondientes del estado del mar deben ser resumidos; el resultado es el "coeficiente marinero" examinado.

Por ejemplo, la Fig. 57 contiene los coeficientes de los buques de guerra tradicionales y los buques SWA con y sin helicópteros en el Atlántico Norte.

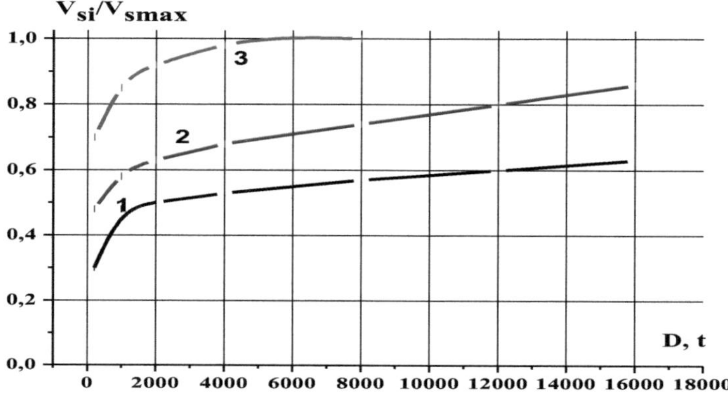

Fig. 57. Coeficientes marineros de varios buques en el Atlántico Norte: 1 - monocascos con arma de aviación, 2 - los mismos, sin tal arma, 3 - buques SWA con arma de aviación.

Evidentemente, un buque SWA es prácticamente "todo tiempo" en desplazamiento, alrededor de 5.000.
6 000 t.

3. Algunos ejemplos de buques SWA recientemente propuestos.
3.1. Buque patrullero eficaz con helicóptero de ataque y aviones no tripulados.

Hay muchas publicaciones sobre las necesidades de buques de patrulla eficaces y relativamente baratos en varios países. La eficacia de estos buques se traduce principalmente en un desplazamiento mínimo y una máxima navegabilidad. Dichos buques deberán navegar en el mar en el estado máximo posible y durante el tiempo suficiente.

Parece evidente que estas exigencias son contradictorias: por lo general, un menor desplazamiento significa una menor marejada. Y la última característica depende de la raíz cúbica del desplazamiento, es decir, lo suficientemente lenta.

Parece evidente que una patrullera con helicóptero es la mejor opción para el máximo control de la superficie del mar y, posiblemente, de la profundidad del mar. Además, hoy en día algunos aviones no tripulados pueden ser una herramienta añadida suficiente para la monitorización. Pero cualquier aeronave a bordo de un barco implica una mayor necesidad de escapar.

Se puede suponer que un barco con una pequeña área de hidroavión, un barco SWA, es una mejor opción para patrullar el mar durante mucho tiempo. El alto potencial de los buques

SWA desde el punto de vista de la navegabilidad queda demostrado por numerosas investigaciones y por la experiencia de unos 70 astilleros SWA construidos en el mundo[1],[2].

Selección del tipo de aeronave y su influencia en las características del buque.

Parece que la patrulla más efectiva debe llevar un helicóptero de ataque. Pero significa una masa suficientemente grande, 15-16 t, en el piso superior, es decir, un requisito suficientemente alto de estabilidad inicial. Además, significa una superficie suficiente de cubierta superior libre, su resistencia y la masa de la estructura de la cubierta superior, es decir, un nuevo requisito añadido de estabilidad inicial. Estos requisitos pueden ser garantizados por el buque SWA de forma bastante sencilla.

Además, un diámetro suficiente de la hélice del helicóptero de ataque, de unos 15-16 m, significa que la manga total del buque no es inferior a 17-18 m - un valor muy grande para un buque de pequeño tamaño, pero no para un buque SWA.

Parece evidente que el servicio más eficaz de un helicóptero sólo se puede garantizar si se trata de un hangar correspondiente. Por regla general, los hangares están dispuestos en la cubierta superior, para facilitar la transferencia del helicóptero. Pero significa una longitud suficiente de la compleja "cubierta de vuelo + hangar": no menos de 2,5 diámetros de la hélice, es decir, unos 45 m para el helicóptero de ataque. Pero la longitud del casco es la dimensión total más "cara". Para su disminución, el hangar puede colocarse debajo de la cabina de vuelo; es decir, la longitud de :cabina de vuelo + hangar" unos 30 m - con la correspondiente reducción de la eslora del buque.

Hay que tener en cuenta que la gran velocidad del helicóptero y la amplia vigilancia por parte de aviones no tripulados permiten una velocidad no tan alta del barco de patrulla, ya que todas las "persecuciones" necesarias se realizarán por helicóptero. Entonces, la velocidad de diseño del buque patrulla SWA puede ser de unos 20 nudos - y puede ser aproximadamente la misma en olas lo suficientemente severas, como para todos los buques SWA.

La mejor manera de aplicar los aviones no tripulados (UMA) es la optimización del tipo, número y dimensiones de los mismos en el buque patrulla.

Evidentemente, un sistema correspondiente de sensores debe ser diseñado y fabricado para
UMAs. La masa y las dimensiones del sistema de sensores definirán la carga útil del UMA. Pero los tipos de UMA tienen sus propias ventajas y desventajas.

Por ejemplo, los helicópteros UMA necesitan una superficie mínima de cubierta de vuelo, pueden volar sin dispositivos adicionales, pero tienen un alcance menor con el mismo suministro de combustible. Los aviones UMA necesitan una cubierta de vuelo lo suficientemente grande, dispositivos especiales para aterrizar, pero tienen un alcance mayor con el mismo suministro de combustible. Las ventajas de ambos tipos aseguran el llamado "convertoplan", como el avión americano "Osprey", Fig. 58.

Fig. 58. Avión "Osprey".

Evidentemente, la cubierta de vuelo de UMA puede ser la misma, como la del helicóptero, o estar separada de la última. La UMA puede ser transportada y mantenida en el mismo hangar, por ejemplo, la Fig. 59 presenta un plano del hangar y de la cubierta volante de una fragata occidental diseñada.

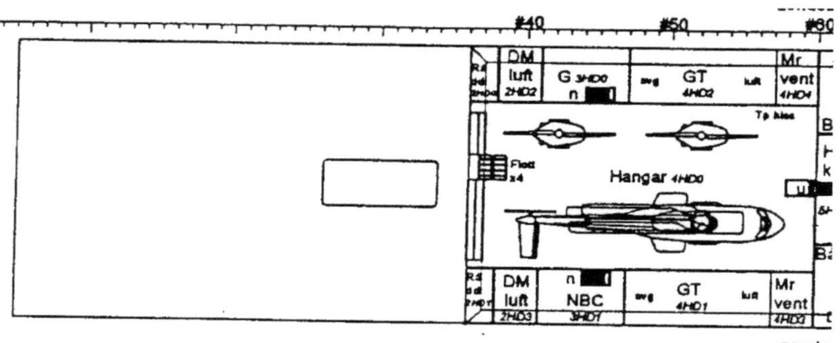

Fig. 59. Disposición de hangares para una fragata.

Si las UMAs utilizan la misma cubierta de vuelo que el helicóptero, la posibilidad de la última está restringida; es decir, no es la opción deseada. Que los UMA con aterrizaje vertical son más deseables para barcos de patrulla de pequeño tamaño.

Uno de los principales requisitos, que definen las dimensiones del buque, es la superficie de cubierta para los apartamentos de servicio, vivienda y auxiliares. Una ventaja suficiente de todo barco multicasco es la posibilidad de todos los arreglos de apartamentos necesarios en la plataforma sobre el agua. Significa principalmente un mayor nivel de confort para un servicio de larga duración en el mar.

Pero el motor principal y la estación eléctrica situada en los cascos (góndolas) es una opción deseada de la disposición general. Pero se necesita la posibilidad de la extracción del motor a través de puntales sin necesidad de que el barco atraque. Significa una correlación definitiva entre las dimensiones del motor (anchura en el principal), es decir, la potencia, y la libre apertura interior de los puntales.

La estructura del casco de acero es la mejor opción desde el punto de vista de los costes de construcción. La velocidad no tan necesaria es la razón de la aplicación del diesel como los motores principales.

La misma razón, no tan alta velocidad, permite el diseño de las superficies aerodinámicas del buque SWA, puntales y góndolas, a partir de partes de formas simples: planas, cilíndricas, cónicas. Y la plataforma sobre el agua de una nave SWA consiste en superficies planas en su mayoría. En resumen, supone un gasto tecnológico mínimo para el montaje de la estructura del casco.

Evidentemente, el buque patrulla será diseñado para la posibilidad de una futura modernización, incluyendo el cambio de aviones.

Dependiendo de las condiciones de explotación y de las demandas de los clientes, se pueden aplicar sistemas activos o pasivos de mitigación de movimiento.

Como todos los buques SWA, el de patrulla puede ser diseñado para un calado mínimo en el puerto - y un lastre de agua suficientemente pequeño en el mar, para una mejor navegabilidad. Un volumen de lastre tan pequeño asegura un cambio de calado suficiente en el mar, debido a la pequeña superficie de los puntales del hidroavión. El mismo lastre activado por los tanques de aire puede ser utilizado para la suficiente mitigación de movimiento en reposo, o a pequeñas velocidades, cuando la efectividad de los estabilizadores de lámina es baja.

Los siguientes datos iniciales fueron aceptados como ejemplo del diseño del concepto de patrullero SWA:

- Tipo de doble casco del barco, SWATH ship, con un puntal largo en cada góndola, es decir, duplicado por la terminología[1];
- Superficie interior de la plataforma de unos 2.000 m2, incluyendo el hangar en dos niveles;
- Helicóptero de ataque para el despegue 15 t, diámetro de la hélice 16,4 m;
- La distancia entre la cubierta de mojado y la cubierta interior de la plataforma es de 3 m, entre las cubiertas interior y superior - 2,5 m;
- La cubierta interior de la plataforma es la cubierta de los mamparos estancos;
- La caja de ruedas y la superestructura de la cubierta superior tienen dimensiones mínimas;
- El hangar de helicópteros está situado en la plataforma, debajo de la cubierta superior, y dispone de un elevador mecánico con equipamiento manual adicional; los UMSa están situados en los apartamentos separados, por ejemplo, en la superestructura;
- El material de la estructura del casco es acero de construcción naval;
- Los motores diesel principales se aplicarán a la opción de barco de velocidad moderada; si se necesita una velocidad más alta, se pueden aplicar turbinas de gas de la misma anchura;
- La estación eléctrica del barco está dispuesta en las góndolas a;
- Calado de diseño a pleno desplazamiento no más de 3,5 m;
- Manga total no inferior a 18,4 m;
- La estabilidad transversal inicial se selecciona de acuerdo con la siguiente regla: talón del barco no más de 10 grados con viento lateral de velocidad de 50 nudos para la región restringida de navegación.

Los datos iniciales mostrados conducen a las siguientes dimensiones principales y características generales:

- Longitud total 55 m, longitud del plano de agua 50 m;
- Manga total 20 m;
- Viga de puntal de 2 m para una velocidad de diseño de viento de 50 nudos;
- Distancia entre el agua de diseño - línea en el mar y cubierta de mojado, distancia vertical, 3,5 m;
- Calado de diseño para un desplazamiento total de 3,5 m en el puerto; calado en el mar 5 m;
- Profundidad del casco (hasta la cubierta de vuelo) 14,5 m;
- Desplazamiento total de unas 1.000 t en puerto, unas 1.200 t en el mar;
- Carga útil de unas 100 t, peso muerto de unos 350 n;
- velocidad del mar unos 22 nudos para motores diesel 2x6 MW, unos 26 nudos - para turbinas 2x8,8 MW;
- gama de 2.500-3.000 nm a una velocidad de 17-18 nudos; para la economía de recursos del motor, sólo se puede utilizar un motor principal a la velocidad económica.

La Fig. 34 muestra una aproximación nula de la disposición general, incluyendo las posiciones de los- mamparos principales.

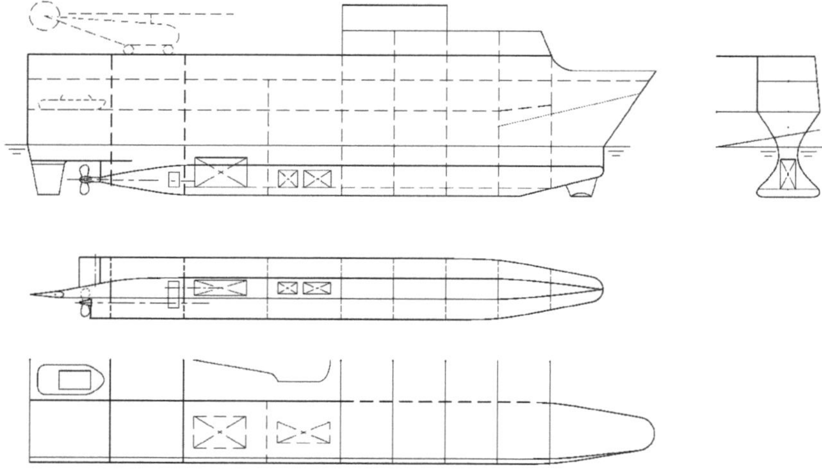

Fig. 60. Proyecto de disposición general.

Los timones horizontales mostrados, los de popa bajo las góndolas, los de popa - en las góndolas, pueden ser pasivos o activos. Las dimensiones del timón se seleccionarán en el proceso de diseño del sistema de mitigación de movimiento. Evidentemente, los estabilizadores de lámina serán más eficaces si la velocidad del barco es mayor.

Para los estabilizadores pasivos de lámina, el nivel posible de estado de la mar para la aplicación completa del helicóptero será de Estado de la Mar 4 sin restricción de velocidad y rumbo, y Estado de la Mar 5 - para alguna restricción de rumbo y velocidad total.

Para las láminas activas, el nivel de navegabilidad correspondiente es de 5 y 6.

Para mitigar el movimiento en reposo y a velocidades más pequeñas, el lastre de agua se puede utilizar en tanques activados por aire. Pero este tipo de diseño de tanques necesita pruebas y cálculos especiales.

Las dimensiones y características mostradas, evidentemente, pueden ser corregidas de acuerdo con los requerimientos del cliente.

Conclusiones y recomendaciones.

1. Parece que las características mostradas del barco patrulla con helicóptero de ataque y aviones no tripulados sólo pueden ser aseguradas por un barco con una pequeña área de hidroavión.
2. Hoy en día no hay ningún barco de patrulla comparable en el mercado mundial.
3. El diseño y la construcción de este tipo de buques es un posible camino hacia el mercado mundial.

3.2. Transportista de pequeño tamaño de aviones no tripulados.

La vigilancia amplia de los mares y de las costas cercanas puede ser muy útil para diversos servicios de ecología, guardacostas y resolución de problemas militares. Esta vigilancia es más eficaz en el caso de algunas aeronaves no tripuladas, las UMA, que son transportadas por un buque especial. El buque debe tener la máxima navegabilidad posible y el mínimo desplazamiento, con un coste mínimo de construcción y reparación. El buque propuesto puede transportar, por ejemplo, 10-12 UMA con una envergadura de 5-6 m, y 5-6 UMA con una envergadura de 15 m, y algunos vehículos submarinos no tripulados.

El buque propuesto, Fig. 61, tiene un desplazamiento total de unas 2.000 t; peso muerto de diseño: unas 250 t, estado del mar de diseño 6 para su aplicación en aeronaves.

Velocidad máxima - 30 nudos, potencia del motor principal - 2 x 15 MWt.

Alcance 2.000 nm para velocidad económica de unos 15 nudos,

El tiempo de autonomía de navegación - 30 días.

Fig. 61. El transportista propuesto de aviones no tripulados.

Por cierto, la vigilancia a gran escala es una condición importante para la lucha eficaz contra los piratas. Para ello, el transportista UMA debe llevar aviones adicionales, el más simple - algunos helicópteros, en lugar de UMAs más grandes, Fig. 62. El portaaviones UMA puede servir hasta 53 helicópteros de ataque y los hangares plegables necesarios.

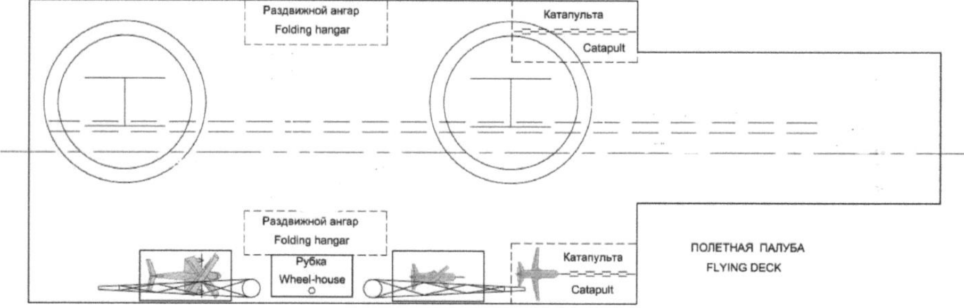

Fig. 62. Una opción de disposición de cubierta para el transporte de corta duración de 53 helicópteros.

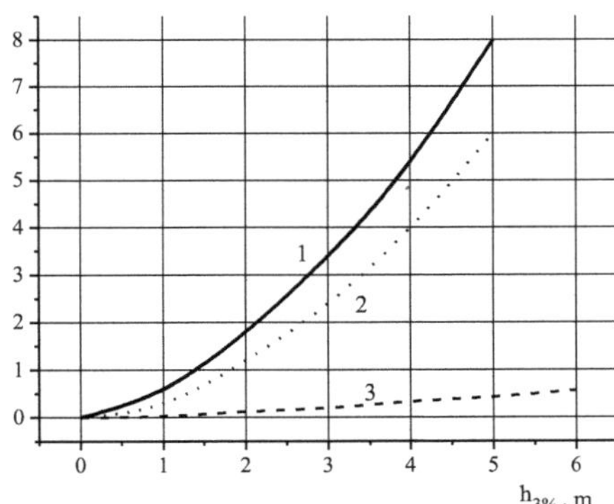

Fig.63. Características del movimiento frente a la altura de ola (sin mitigación del movimiento) 1 - balanceo en reposo, olas laterales, grados; 2 - cabeceo, ondas de cabeza, velocidad máxima, grados; 3 - aceleración vertical en el centro de masa, olas de cabeza, velocidad máxima, en relación con la aceleración de la gravedad.

Conclusiones, recomendaciones.

1. La principal ventaja de los buques SWA es que su alta navegabilidad es comparable con la misma característica de los monocascos de mayor tamaño con un desplazamiento de entre 5 y 15 veces.

2. Los datos existentes permiten una etapa temprana del diseño de naves SWA de cualquier propósito sin necesidad de pruebas de modelos adicionales.

Se recomienda una aplicación más amplia de los buques SWA para el desarrollo de cualquier propósito, en el que la alta mar sea lo suficientemente importante. Para la predicción de la eficacia, se recomienda el método propuesto de estimación de la actividad marítima por un número.

Referencias.

1. Dubrovsky, V., Lyakhivitsky, A., "Multi Hull Ships", 2001, *ISBN 0-9644311-2-2, Backbone Publishing Co.*
2. Dubrovsky, V., "Ships With Outriggers", 2004, *ISBN 0-9742019-0-1, Backbone Publishing Co.*
3. Dubrovsky, V., Matveev, K., Sutulo S., "Small Water-plane Area Ships", 2007, *Backbone Publishing Co, ISBN-13978-09742019-3-1, Hoboken, USA,256 p.*
4. "Multi-hull ships", colección de papel, ed. Dubrovsky V., "Shipbuilding" Publishing House, Leningrado, URSS, 1978, 297 p., en ruso.
5. Allen, R.G., Holcomb, R.S., "The Application of Small SWATH Ships to Coastal and Offshore Patrol Missions", *Symposium on small fast warships and security vessels, RINA, 1982,Pap. No.4, pp.1-43. Londres, Reino Unido*
6. Anon, "Strong European element in US Navy LCS Proposals", *Warship Technology*, 2003, *enero, pp.11,12.*

7. Kholodilin, A., Lisagor O., "An apparatus for heave decreasing of floating structures", Certificado de Innovación, URSS, # 1108041, 28.07.1982.

8. Anon, "Design contract for survey craft", *Ship & Boat International, 2005, enero, p.4.*

9. Anon, "Sea Flyer trials gives X Craft technology a lift", Warship Technology, 2005, January, pp.22,23.

10. Kennell, C.C. "SWATH ship design trends", *RINA Int. Conf. en buques SWATH y buques avanzados multicasco, 1985*

11. Dubrovsky, V.A., "Complex Comparison of Seakeeping: Method and Example, *Marine Technology and SNAME News, vol. 37, # 4,2000, October, pp.223 - 229,*

Printed by Books on Demand GmbH, Norderstedt / Germany